海上采油平台
仪表故障案例汇编

中国海油安全生产培训中心　组织编写

靳　彦　焦权声　编　著

气象出版社
China Meteorological Press

内容简介

本书由中国海油安全生产培训中心组织编写,介绍了检测仪表、调节仪表、控制系统及采油平台上一些大型设备(如锅炉、燃气压缩机、空压机、透平、发电机、电动吊车等)的 216 个常见仪表故障案例,每个案例均包括故障现象、故障原因、分析过程及检修措施、教训或建议四个方面的内容,并附有大量现场实拍照片,做到了故障描述准确、分析一针见血、处理措施得当、教训意义深刻。本书内容系统全面、条理清晰、图文并茂,可供海上采油平台仪表维修人员培训使用或工作参考。

图书在版编目（CIP）数据

海上采油平台仪表故障案例汇编 / 中国海油安全生产培训中心组织编写；靳彦，焦权声编著. -- 北京：气象出版社，2024.1
ISBN 978-7-5029-8140-2

Ⅰ．①海… Ⅱ．①中… ②靳… ③焦… Ⅲ．①采油平台－仪表－故障诊断－案例 Ⅳ．①TE951

中国国家版本馆 CIP 数据核字(2024)第 023481 号

HAISHANG CAIYOU PINGTAI YIBIAO GUZHANG ANLI HUIBIAN

海上采油平台仪表故障案例汇编

出版发行：气象出版社			
地　　址：北京市海淀区中关村南大街 46 号		邮政编码：100081	
电　　话：010-68407112(总编室)　010-68408042(发行部)			
网　　址：http://www.qxcbs.com		**E-mail**：qxcbs@cma.gov.cn	
责任编辑：彭淑凡　张盼娟		终　审：张　斌	
责任校对：张硕杰		责任技编：赵相宁	
封面设计：艺点设计			
印　　刷：北京地大彩印有限公司			
开　　本：710 mm×1000 mm　1/16		印　张：16.5	
字　　数：342 千字			
版　　次：2024 年 1 月第 1 版		印　次：2024 年 1 月第 1 次印刷	
定　　价：88.00 元			

　　海上采油平台作为石油勘探与开发的重要基地，其仪表设备的稳定运行是确保生产安全、提升作业效率的关键。作为仪表培训师，笔者深知自己肩负的使命——为海上采油平台的仪表人员提供全面、专业的技能培训，帮助他们掌握解决现场仪表故障的能力。

　　然而，在多年的培训实践中，笔者发现一个普遍存在的问题：许多员工在面对仪表故障时，往往缺乏足够的经验和思路来迅速定位问题并采取有效的解决措施。这一问题不仅影响了工作效率，更可能给海上作业带来安全隐患。

　　笔者深知，实践是检验真理的唯一标准，也是提升技能的最佳途径。然而，对于许多工作三五年的员工来说，由于工作性质和时间安排的限制，他们很难有机会亲临现场参与仪表故障问题的分析与解决。为了弥补这一缺憾，笔者决定将自己多年的仪表工作经验和见解以及从大量仪表故障案例中提炼出的宝贵知识整理成册，以供广大仪表维修人员参考和学习。

　　本书正是基于这样的背景和初衷而诞生的，汇集了检测仪表、调节仪表、控制系统以及采油平台上一些大型设备（如锅炉、燃气压缩机、空压机、透平、发电机、电动吊车等）的216个常见仪表故障案例。这些案例都是在海上采油平台实际工作中发生的，具有很高的代表性和参考价值。对于每个案例，笔者都进行了详细的阐述和剖析，包括故障现象、故障原因、分析过程及检修措施、教训或建议四个方面的内容。同时，书中还附有大量现场实拍照片，使得故障描述更加准确直观，分析过程更加深入透彻，处理措施更加得当有效。笔者相信，通过这些案例的学习，广大员工能够更快地掌握解决仪表故障的技能和方法，提升工作效率，确保生产安全。

　　本书内容系统全面、条理清晰、图文并茂，可作为海上采油平台仪表维修人员的实用培训教材和工作参考书。无论你是初学者还是有一定经验的维修人员，都可以从中找到适合自己的学习内容和提升途径。

最后,笔者要感谢所有为本书提供案例和照片的同事们,以及给予支持和帮助的领导和同仁。是你们的辛勤工作和无私奉献,使这本书得以顺利出版。同时,笔者希望本书能够成为广大仪表维修人员的良师益友,为他们的工作和学习提供有力的支持。

由于笔者水平有限,书中难免存在疏漏之处,敬请读者批评指正。

编著者

2024 年 1 月

目　录

绪　论

作为海上石油平台的维护人员,不仅能够进行正确的仪表故障处理,而且应该快速准确地判断出故障点。要想提高仪表故障处理的必备技能,必须熟悉工艺流程、设备工作原理和操作方法,以及电气控制原理,能够看懂电气控制图纸,掌握常见故障案例的处理方法。本章首先简要介绍了工业仪表故障判断的方法,然后从仪表故障的一般规律出发介绍故障处理的方法。

一、工业仪表故障判断的方法

总结多年仪表维护经验可知,工业仪表故障判断主要有以下 9 种方法。维护人员在实际运用时,应融会贯通,在熟悉仪表工作原理的基础上,遵循先使用调查法、直观检查法,再使用其他方法进行判断,以期在故障排查中少走弯路,提高效率。

1. 分部法

在查找故障的过程中,将仪表控制系统分成几个部分,分部检查,以找出故障原因的方法。

一般仪表控制系统可分为三大部分,即外部回路(由仪表附属的设备部件、控制执行机构组成的全部电路)、电源回路(由交流电源到电源变压器等全部电路)、内部回路(仪表本身的电气回路)。内部回路又可分为几个小部分(根据其内部电路特点、电气部件结构划分)。分部检查即根据划分出的各个部分,采取从外到内、从大到小、由表及里的方法检查各部分,逐步缩小怀疑范围。当检查判断出故障在哪个部分后,再对这一部分做全面检查,找到故障部位。

分部法也可以叫作排除法,可以说是解决故障的一般性方法、通用性方法,在故障处理中被广泛运用。尤其是在处理一些复杂故障时,表面上很难判断出故障的根本原因,就需要按照仪表回路的构成,从外部回路到内部回路,分析可能的原因,然后分部分检查,逐一排查故障可能性。

比如某锅炉发生排烟温度高的故障。按照内部外部的分类,内部的可能性原因有热电阻本身故障、热电阻接线故障、热电阻显示回路线路故障;外部的故障从锅炉本身入手,包括锅炉的防火密封是否完好、锅炉的燃料是否发生变化、锅炉的温度控制机构是否正常、锅炉的燃烧系统是否正常等。对上述的所有可能性按照由简入繁、由表及里的方式逐一排除,直至找到最可能的那个因素,然后重点排查,具体可以用替代法、电压法、电流法等。

2. 调查法

通过对故障现象和它产生发展过程的调查了解,分析判断故障原因的方法。一般涉及以下几个方面:

(1)故障发生前的使用情况和有什么先兆。

(2)故障发生时有无打火、冒烟、异常气味等现象。

(3)供电电压变化情况。

(4)过热、雷电、潮湿、碰撞等外力情况。

(5)有无受到外界强电场、磁场的干扰。

(6)是否有使用不当或误操作情况。

这种情况在现场经常出现,比如某平台压缩机 A 机一级入口洗涤器液位高高报警,造成 A 机停机。其故障原因就是断塞流捕集器去火炬调节阀 PV-1512A 后面的球阀被人为关闭,造成断塞流捕集器的压力无法调节,断塞流捕集器的压力持续升高达到 2000 kPa,高于前端的压缩机一级入口洗涤器的压力,导致洗涤器不能正常排液,使得液位升高,最终因为液位高高产生故障关停。

(7)在正常使用中出现的故障,还是在修理更换元器件后出现的故障。

(8)以前发生过哪些故障及修理情况等。

(9)通过查看历史趋势记录,分析故障的可能原因。

例如某平台主机关停,原因是冷却水温度高高报警。现场检查温度探头没有问题,接线也没有问题。在事件记录里发现一个涡轮增压的速度探头报警记录。查看速度探头和温度探头的趋势记录发现,这两个因素存在高度一致性,都在一个时间点出现异常。最后现场检查速度探头,发现探头松动造成速度指示不准,影响了温度调节,造成主机关停。

(10)通过 PLC(可编程逻辑控制器)程序顺藤摸瓜,查找故障点。

例如某平台一台天然气压缩机,在电机过载停机后,压缩机其他部位依然在运转,没有引发压缩机关停。这个故障从表面上很难找到问题所在,最后通过分析 PLC 程序,发现是一个设计缺陷,设计时没有考虑到这种情况,程序缺少一部分内容。

另有一平台主机在维修后能启动但是不能发电。电气人员检查了所有参与发电的设备,都没有异常,最后请厂商协助解决。最终服务工程师通过阅读 PLC 程序发现,高压控制盘的一个测试开关被置为"测试"状态,这个开关会给 PLC 发出一个不能发电的指令。把这个开关复位,主机启动正常,恢复正常发电。

采用调查法检修故障,调查了解要深入仔细,特别是对现场使用人员的反映情况要核实,不要急于拆开检修。维修经验表明,使用人员的反映情况有许多是不正确或不完整的,通过核实可以发现许多不需维修的问题。

例如,生产人员反映,某分离器气相出口压力调节阀近期一直工作在 100% 开度位置,但之前开度一直维持在 60%。仪表维护人员不应该盲目地进行控制回路的测量检查,应该首先向生产人员询问,近期是否对生产流程的其他阀门进行过操作。调节阀出口下游管路上通常还装有二级节流手动阀门,如果二级节流手动阀门开度减小,就会造成调节阀的背压升高,控制系统为了稳定分离器的罐内压力,自然会增大调节阀开度。仪表人员不应该盲目检查维修。

3. 直观检查法

不用任何测试仪器,通过人的感官(眼、耳、鼻、手等)去观察发现、故障的方法。检查内容主要包括:

(1)指示灯是否正常显示,是否有报警灯亮起。

(2)仪器仪表外壳及表盘玻璃是否完好,指针是否变形或与刻度盘相碰,装配紧固件是否牢固,各开关旋钮的位置是否正确,活动部分是否转动灵活,调整部位有无明显变动。

(3)连线有无断开,各接插件是否正常连接,电路板插座上的簧片是否弹力不足、接触不良,对于采用单元组合装配的仪表,要特别注意各单元连接螺丝是否拧紧。

(4)机内有无高压打火、放电、冒烟现象。各继电器、接触器的接点是否有错位、卡住、氧化、烧焦粘连等现象。

(5)电源保险丝是否熔断,电路板元件是否裂碎、变色、断极,电阻是否烧焦,线圈是否断丝,电容器外壳是否膨胀、漏液、爆裂。

(6)印刷电路板敷铜箔是否断裂、搭锡、短路,各元件焊点是否良好,有无虚焊、漏焊、脱焊现象。

(7)机内有无振动并发出噼啪声、摩擦声、碰击声。机内有无特殊气味,如变压器、电阻等因绝缘层烧坏而发出的焦糊味。各零部件排列和布线是否歪斜、错位、脱落、相碰。

(8)机内变压器、电机、功率管、电阻、集成块等易发热元器件温升是否正常,有无烫手现象。

(9)机械传动部分是否运转正常,有无齿轮啮合不好、卡死及严重磨损、打滑变形、传动不灵等现象。

(10)是否有设备振动导致的端子松动、固定螺栓松动等现象。

例如某平台透平报火警关断,原因就是透平排气波纹管尾端与机撬连接法兰有3个紧固螺栓脱落,其他螺栓均无松动和脱落(图0-1)。现场分析,在机组运转时,此处可能有高温热气泄漏引起火焰探头报警。

图 0-1　透平排气波纹管尾端与机撬连接法兰

对于故障的排查,尤其是控制系统,如控制电路板、UPS电源、开关电源、安全栅、接线端子等,都可以先通过直观检查法第一时间发现问题,尽量缩短故障排查时间。

直观检查时一定要十分仔细认真,切忌粗心急躁。在检查元件和连线时只能轻轻摇拨,不能用力过猛,以防拉断元件、连线和印刷板铜箔。开机检查接通电源时,手不要离开电源开关,如发现异常应及时断开。要特别注意人身安全,绝对避免两只手同时接触带电设备。电源电路中的大容量滤波电容在电路中带有充电电荷,要注意防止触电。

例如某平台透平B机启动时,在NGP(燃气轮机的转速)达到100%后,产生发电机永磁丢失(CN_Gen_PMG_Loss)报警后停机,此时没有产生励磁电压和电流,发电机未输出电能。故障原因是发电机永磁反馈回路中的继电器K2120-3的一个常开触点端子烧坏,导致检测不到永磁发电机的电压。通过外观直观观察发现,继电器的触点及其对应的插槽金属都有熔化及结焦痕迹(图0-2),判断为继电器常开触点故障,继而推断出故障的直接原因是什么。

4. 断路法

将所怀疑的部分与整机或单元回路断开,看看故障可否消失,从而断定故障点的方法。

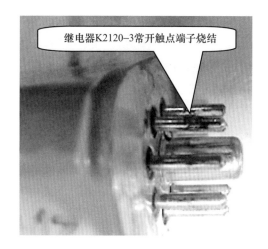

继电器K2120-3常开触点端子烧结

图 0-2　继电器触点连接

仪器仪表出现故障后,首先初步判断故障的几种可能性。在故障区域内,把可疑部分回路断开,以确定故障发生在断开前或断开后。接通检查后如发现故障消失,表明故障大概率在被断开的回路中,如故障仍然存在,再做进一步断路分割检查,逐步排除怀疑,缩小故障范围,直到查出故障的真正原因。

断路法不仅仅针对电气线路使用,还可以拓展到其他控制回路。例如,对井口控制盘的渗漏故障排查时,断路法尤为适用,将液压回路按用户逐个切除,通过判断系统压力有无明显变化或压力不再下降来判断故障点十分有效。

断路法在单元化、组合化、模块化的仪器仪表故障检查中尤为方便,对一些电流过大的短路性故障也很有效,但对整体电路是大环路的闭合系统回路或直接耦合式结构电路不宜采用。

5. 短路法

将所怀疑发生故障的某级电路或元器件暂时短接,观察故障状态有无变化来断定故障部位的方法。

短路法用于检查多级电路,如短路某级故障消失或明显减弱,说明故障在短路点之前;故障无变化则说明在短路点之后。如某级输出端电位不正常,将该级的输入端短路,如此时输出端电位正常,则该级电路正常。短路法也常用来检查元器件是否正常。

短路法在实际应用中也非常广泛。如在判断压力开关误报警时,可疑故障点很多,如压力开关的取压回路、压力开关的机械开关部分、压力开关的电气触点部分、信号传输节点端子、控制系统 I/O 卡的硬件故障、控制系统的软件问题等。为大致判断故障所在区域,可在控制系统 I/O 卡的信号输入处对信号进行短接,以大致判断故障点是在控制室内还是在现场,然后再进一步排查。一般通过 2~3 个节点的排查基本能够锁定故障点位置。

6. 替换法

通过更换某些元器件或电路板以确定故障在某一部位的方法。

用规格相同、性能良好的元器件替换下所怀疑的元器件,然后通电试验,如故障消失,则可确定所怀疑的元器件是故障所在。若故障依然存在,可对另一被怀疑的元器件或线路板进行相同的替代试验,直到确定故障部位。

注意,在进行替换前,要先用一点时间分析故障原因,而不要盲目替换,如果故障是由于短路或热损伤造成,则替换上的好元件也可能被损害。譬如,一只继电器触点烧结,可能是由于该触点所在的回路工作电流过大或存在短路现象,若此时换上另一只同型号的继电器也会很快被烧坏。对于保险烧毁的现象,一般只允许更换两次保险,绝不能贸然更换大容量保险。

另外,多数元器件的更换均应切断电源(支持热插拔的除外,如中控 DCS(集散控制系统)的卡件大多支持热插拔),更不允许在通电的情况下边焊接边试验。在替换时一定不要漏装元器件,还要注意不要损坏周围其他元件,以免造成人为故障。

7. 电压法

电压法就是用万用表(或其他电压表)适当量程测量怀疑部分,分为测交流电压(AC)和直流电压(DC)两种方法。测交流电压如 220 V 电压、交流稳压器输出电压、变压器线圈电压及震荡电压等;测直流电压指直流供电电压、信号反馈电压等。

电压法是维修工作中最基本的方法之一,但它所能解决的故障范围仍是有限的。有些故障,如线圈轻微短路、电容断线或轻微漏电等,往往不能在直流电压上得到反应。有些故障,如出现元器件短路、冒烟、跳火等情况时,就必须关掉电源,此时电压法就不起作用了,必须用其他方法来检查。

以压力开关误报警为例,有诸多可疑故障点,如压力开关的取压回路、压力开关机械开关部分、压力开关电气触点部分、信号传输节点端子、控制系统 I/O 卡硬件故障、控制系统软件问题等。为大致判断故障所在区域,可在控制系统 I/O 卡信号输入端子处,检查各个信号线的单相对地电压,如果电源线对地电压为 DC 24 V 或 DC 36 V(浮地系统),说明供给压力开关的电源正常,如果信号线对地电压为零,则可判定故障点存在于现场压力开关部分。也可以测量电源和信号线之间的电压,如果电压为DC 24 V,则说明现场压力开关没有信号反馈,如果电压为 0 V,则说明信号反馈正常,问题可能存在于中控室内。

8. 电流法

电流法分直接测量和间接测量两种。直接测量是将电路断开后,串入电流表,将测出电流值与仪器仪表正常工作状态时的数据进行对比,从而判断故障所在。如发现哪部分电流不在正常范围内,就可以认为这部分电路出了问题,至少受到了影响。间接测量不用断开电路,测出电阻上的压降后,根据电阻值的大小计算出近似的电流值即可。

电流法比电压法要麻烦一些,一般需要断开电路后串入万用表的电流挡进行测试。但它在某些场合比电压法更加容易检查出故障。电流法与电压法相配合,能检查判断出电路中绝大部分故障。

例如,在压力变送器信号检测回路中,正常的反馈电流为 DC 4~20 mA。如果电流超出此范围,则基本可判定变送器有问题,大型 DCS 多数都有断线报警,但在某些情况下,小电流故障信号还是很隐蔽的。

9. 电阻法

电阻法即在不通电的情况下,用万用表电阻挡检查仪器仪表整机电路和部分电路的输入输出电阻是否正常,各电阻元件是否开路短路、阻值有无变化,电容器是否击穿或漏电,电感线圈、变压器有无断线、短路,半导体器件正反向电阻、各集成块引出脚对地电阻是否正常,并可粗略判断元件好坏的方法。

应用电阻法检查故障时,应注意以下几点:

(1)电路中有不少非线性元件,如晶体管、大容量的电解电容等。采用电阻法测量某两点间的电阻时,考虑到这些非线性元件的连接,要注意万用表的红、黑(正、负)极性,因为不同极性所测出的结果是不同的。

(2)要避免用 $\Omega\times1$ 挡(电流较大)和 $\Omega\times10$ k 挡(电压较高)直接测量普通小电流和耐压低的电子元件、集成电路块,以免造成损坏。

(3)仪器仪表中被测元件大多在电路上关联(串联或并联)许多其他元件,因此,对于不是直接击穿而是漏电或电阻阻值比较大的场合,要把被测元件脱开后再进行检查测量。对只有两个引出线的电阻、电容等元件,只要脱开一个引线即可,而对具有 3 根引脚线,如晶体三极管等元件,则应脱开两根引出线。

二、仪表故障的一般规律和处理方法

1. 仪表故障的一般规律

当一台仪表在使用中发生故障时,首先应该从漏、堵、卡、松、坏 5 个方面考虑。经验证明,海上平台 80% 的仪表故障多数是由这 5 个原因造成的,因此仪表维护人员应理解透彻这 5 个方面,并将其作为故障排查的指导性原则运用到实践中。

漏——因为仪表信号的检测、控制基本有以下几种:被测介质、控制气源、控制液压源,所以控制或检测管理的任何一部分泄漏都会造成仪表的偏差和失灵。易漏的部分有仪表接头、橡皮软管、密封圈(垫),特别是一些尼龙件、橡胶件,在使用数年后容易老化造成泄漏。通过观察气雾、听声音、试漏液、分段憋压的方法很容易找到泄漏点。

堵——仪表被测介质、控制气源、控制液压源的管路中含有一定水汽、灰尘和油性杂质,长期运行过程中,会使一些节流部件堵塞或半堵,如放大器节流孔、喷嘴、挡板等处,只要沾上一点灰尘,就会不同程度地引起输出信号改变,特别是在潮湿大气,空气湿度大,更应注意这点。如压力变送器的导压管线在冬季低温情况下就非常容易冻堵。一些设备上的电磁阀也会出现脏堵,从而导致动作失灵。

卡——现场仪表基本可分为气动、液动、电动三类,只要某部位摩擦力增大、驱动管路中有杂质沉积、内部推力弹簧长期处在受力位置疲劳而不能复位,都会造成阀芯、传动机构卡住或反应迟钝。常见部位有带弹簧复位的阀芯、气动阀连杆、活塞、指针和其他机械传动部件。

松——仪表在使用一段时间后,由于环境、设备振动、装配不当、维护不当意外损坏、外力等因素,都会出现仪表插件板插头、接线端子松动,表面氧化、端子和导线的似断非断状态,以及控制气(液)路管线接头等部位出现松动现象,进而造成仪表工作不正常或误报警。尤其对压缩机、发动机等振动较大的设备周围的仪表,要特别注意振动对仪表松动的影响。

坏——除了以上 4 个原因外,仪表元器件自身的损坏也是导致仪表故障的主要原因,如仪表的短路烧坏、击穿、外力损坏、海水腐蚀损坏、自然寿命等。结合上面介绍的故障检查方法,仪表损坏一般容易排查发现。

2. 故障处理的一般方法

下面结合实例说明。以 PLC-RTD 热电阻温度监测 TT-1501 回路温度显示达到满量程 280 ℃的异常现象处理为例。

(1)先观察后动手。当仪表失灵时,不要急于动手,可先观察一下记录曲线的变化趋势。若数值缓慢到达终点,一般可判定故障是工艺原因造成的。若数值突然偏离正常值,一般是感温元件或二次仪表发生故障。另外还可参照其他相同类型的、同一工艺流程点的其他仪表加以确定。在基本确认是仪表故障后,再开始动手处理。

(2)先外部后内部。确定故障究竟是发生在二次仪表的内部还是外部,一般的检查方法是先外部后内部,即先排除仪表接线端子以外的故障,然后再处理仪表内部故障。具体如下:

① 可以先检查 PLC 的 I/O 卡件以外的部分,确定在回路中是否存在接线端子松动、保险烧坏、开路等情况,PLC 的卡件是否有明显的报警。

② 如果不能排除故障再考虑现场探头是否损坏,该探头所处的环境是否是高振动的环境,是否有明显的外力损伤,然后取出探头测量热电阻的阻值是否正常。

③ 如果探头的电阻值正常,可考虑使用电阻箱串入回路,模拟现场温度变化,观察 PLC 输入电流值的变化(可使用工程师站在线监测 PLC 输入数值),以判断 PLC

的卡件是否存在硬件故障。

（3）先机械后线路。在生产中发现，一台仪表机械部分故障的可能性比线路（电、气信号传递放大回路）部分高得多，且机械方面故障比较直观，也容易发现。所以在确认是仪表内部故障需检查机芯时，应先查机械部分，后查线路部分。机械部分重点查有无卡、松、堵现象，线路部分重点检查电压、电流信号是否正常。

（4）先整体后局部。在排除机械故障的可能性后，就要检查整个电/气传递、放大回路。因线路部分由输入、比较、变换、放大、输出、驱动等多级组成，所以首先要纵观整台仪表的情况，大致估计问题出在哪一部分。如无法估计，则可用分部法排查，如怀疑某一部分不正常，可从大到小步步缩小范围，迅速而准确地判断故障出在哪个环节。故障范围限定在很小的局部，处理起来就十分方便。

（5）维修风险要控制。某个温度的显示和报警对于现场流程可能并不是很重要，因此在维修之前要考虑清楚风险控制，原则是不要让故障越修越大。不要因为一个故障点牵连其他的点，不要因为一时没有合适的解决方法，铤而走险进行破坏性维修。

3. 应用万用表分析和解决仪表故障

（1）电压法测试

电压法通过将测试仪表的电压与额定数值加以比较，判断仪表故障部位。该方法使用方便，不用断开仪表线路，可直接测试。

如图 0-3 所示，以现场 Rosemount 变送器为例，已知电源为 24 V，信号电流为 4～20 mA，二线制，其电源线也是信号线。我们测量 A、B 间电压，根据测试结果加以分析判断。

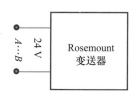

图 0-3　变送器测试法

① $V_{AB} \gg 24$ V 时，则肯定是仪表电源出现异常，导致电压升高。

② $V_{AB} \approx 24$ V 时，基本上仪表能正常工作，但是当仪表内部开路时，电源会略高于 24 V，要确定故障还需用电流法测试电流。

③ $V_{AB} = 0$ 时，则可能出现两种情况：

其一，线路开路，相当于电流 $I \to 0$ 构不成回路，没有电流流过，因而 $V_{AB} = 0$ 或仪表没送电。

其二，线路短路，相当于电阻 $R \to 0$，这时电流很大，$V_{AB} = 0$。

若要分清是仪表外部供电线路还是仪表内部短路,还要断开线路,然后测试 V_{AB},若仍为零,则是供电线路开路或没送电,否则为仪表内部短路。

④ V_{AB} 在 0~12 V,则多为线路或仪表存在短路性故障,使电路电阻 R 降低,导致 $V=RI$ 下降,要想判断是线路还是仪表故障,也需断开线路测试。

(2)电流法测试

电流法将电流表串接在线路中,通过测量流过线路电流的大小来判断仪表故障。这种方法需断开线路,与电压测试法结合更能准确地判断故障部位,举例加以说明。

以图 0-4 Fisher 变送器为例,已知线圈内阻 $R=250\ \Omega$,电流信号 I 为 4~20 mA,通过测试结果加以分析。

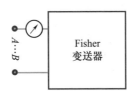

图 0-4　电气阀门定位器测试法

① $I_{AB}\gg20$ mA 时,负载短路或电压升高,导致 $I=V/R$ 增大。

② I_{AB} 在 4~20 mA 时,仪表工作正常。

③ $I_{AB}\to0$ 时,则必为开路性故障,有两种情况:

其一,线路开路或电源没有送电,导致 $I\to0$。

其二,若断开线路,测电压为 24 V,则 $R\to\infty$,导致 $I=V/R\to0$。

这里需要特别说明,在正常时,测试 V_{AB} 应该为 1~5 V,而不是 24 V,因为 $V=RI=250\times(4\sim20)\times10^{-3}=1\sim5$ V。负载的状况不同,判断故障时要认真加以分析,才能得到正确结论。同样,通过测试电阻的方法,也能判断出仪表故障。

第一章

液位检测类仪表故障案例

第一节　浮球式液位计故障案例

案例 1　液位变送器浮球变形引发压缩机停机故障

1. 故障现象

二级洗涤器高液位报警造成压缩机停机。

2. 故障原因

液位变送器出现故障。

3. 分析过程及检修措施

(1)通过现场显示屏发现,二级洗涤器 LT3121A 与 LT3122A 两个液位变送器的读数不一致。

(2)分别检查和校验 LT3121A 与 LT3122A。

(3)通过检查发现 LT3122A 的读数与实际液位一致,而 LT3121A 的读数与实际不符。

(4)通过反复对 LT3121A 进行校验,初步判断液位计浮筒内的浮子可能存在卡滞现象。

(5)解体液位变送器 LT3121A。

(6)发现液位计浮子卡死在浮筒内。

(7)通过特殊工具将浮球从浮筒里取出,发现浮球已经变形,详见图 1-1。

(8)经过检查,此浮子已无法再使用,只能更换。

图 1-1　变形的浮球

4. 教训或建议

(1)平时定期经常性排放冲洗液位计,避免浮子较长时间不动,出现卡死现象。

(2)加强对液位计的保养,定期洗刷浮筒内壁。

(3)如因环境温度变化导致介质黏性增大,则注意增加保温和伴热。

案例 2　燃气压缩机 A 机二级洗涤器液位计 LT3121A 故障

1. 故障现象

LT3121A 液位计的读数大幅来回跳变。

2. 故障原因

机体振动造成液位计跳变。

3. 分析过程及检修措施

(1)根据现场情况分析,可能是由于压缩机振动剧烈,导致其附属仪表液位变送器共振。

(2)对 LT3121A 液位计进行绑扎固定。

(3)观察液位计读数,稳定在 10% 左右,跳变现象消除。

(4)收拾现场工具,清理现场。

(5)关闭冷工作业。

4. 教训或建议

建议更换为差压式液位变送器或增加固定支撑减少振动。

案例 3　LT2031 液位变送器故障

1. 故障现象

中控显示 LT2031 液位变送器液位长时间没有变化。

2. 故障原因

液位变送器浮子卡滞。

3. 分析过程及检修措施

(1)根据现场情况和经验,初步判断为油泥沉积,导致浮子卡滞。
(2)关闭液位变送器气、液两相截止阀,并对浮筒内介质进行排空卸压。
(3)拆卸底部法兰,取出浮子进行清理,并对变送器浮筒内部进行柴油浸泡清洗。
(4)回装液位变送器。
(5)中控人员检查液位数据显示与现场一致,变送器工作正常。

4. 教训或建议

(1)日常加强排放冲洗,避免浮子较长时间不动,出现卡死现象。
(2)加强对液位计的保养,定期用柴油浸泡冲洗浮筒内壁。

案例 4　开排水相低位液位计 LG-5606 故障

1. 故障现象

中控监控显示开排水相低位液位计数据不跟随液位的变化而变化。

2. 故障原因

(1)浮子卡死在液位计的某一位置。
(2)浮子变形损坏。

3. 分析过程及检修措施

(1)关闭液位计上下法兰截止阀,排放液位计内液体,发现液位计显示满液位,无变化。
(2)用磁棒梳理磁翻板,发现液位计顶端的磁翻板不能转动,判断浮子卡死在液位计浮筒的顶端。
(3)打开液位计上方的盲板,取出卡在上方的浮子,发现浮子已经变形。
(4)对浮子进行修复、清洁保养,利用制作的清洗工具及柴油浸泡法对液位计的浮筒内部进行清洗。

(5)将浮子装入灌满液体的浮筒,开启泄放阀缓慢放液,液体放净后再重新缓慢加液,发现浮子能在浮筒中自由运动,且能够带动磁翻板指示液位。

(6)缓慢开启液位计的上下截止阀,发现液位计能够正确指示液位。

(7)多次观察、试验,确认液位计工作正常。

4. 教训或建议

(1)建立维护制度,定期排放液位计,避免浮子较长时间不动,出现卡死现象。

(2)加强对液位计的保养,定期洗刷浮筒内壁。

(3)若因环境温度变化使介质性质变化,加强保温伴热。

案例 5　液位计输出不稳定造成天然气压缩机 B 机关断故障

设备名称:天然气压缩机 B 机　设备型号:RAM52

1. 故障现象

2008 年 3 月 4 日,LT3121B 浮子式液位变送器输出不稳定,多次造成机组报警,给机组的稳定运行带来很大的隐患。

2. 故障原因

压缩机机组振动大,对浮子式液位变送器输出影响很大。

3. 分析过程及检修措施

(1)在停机状态下对该液位变送器进行标定,指示值及控制均正常,但机组启动状态下,输出就不稳定。

(2)对变送器的各个模块和接线进行全面检查均未发现问题。随后决定更换液位变送器,由原来的浮子式更换为差压式。

(3)关闭液位变送器截止阀,泄压,拆下液位变送器,安装新的差压式液位变送器。

(4)启动天然气压缩机 B 机,根据二级洗涤器液位变化情况,对新的液位变送器进行零点和量程校验。校验完毕后,投用液位变送器,观察液位控制功能。系统运行良好,没有再发生类似事件。

4. 教训或建议

对于仪表的选型要根据现场的实际工况确定,以适应现场各种环境要求。对于类似高振动环境的液位变送器及其他仪表要考虑是否有换型的必要,或者采取一定的减振防振措施。

第二节 液位遥测系统故障案例

案例 6 DeltaV 液位遥测系统故障

1. 故障现象

DeltaV 控制器死机,重新启动后,液位遥测系统程序丢失,重新下载程序后,中控 DeltaV 操作站上显示的 FPSO(浮式生产储油船)船体吃水值比实际值(目测值 264 mm)整体偏小。

2. 故障原因

原备份软件程序有错误,下载后出现该故障现象。

3. 分析过程及检修措施

(1)对现场各个吃水液位变送器进行检查,没有发现零点漂移、量程变化、线路短接松动等现象,说明现场硬件部分没有问题。

(2)在中控 AUXITROL 系统的液晶显示面板上调出与吃水所对应的输入通道,发现输入值与现场所测值一致,说明信号的传输没有问题。

(3)查阅 AUXITROL 相关资料发现,船体吃水的液位计(CT801 型液位变送器)在安装时有一个偏移量 3000 mm,也就是说在现场输出 4 mA 的电流时,实际的液位应该是 3000 mm。

(4)在中控 AUXITROL 液位测量系统的艏吃水通道上用 UPS(不间断电源)信号发生器发送 4 mA 的电流信号,在 DeltaV 操作站上显示为 0 mm。怀疑是重新下载的备份软件程序有误。

(5)在 DeltaV 工程师站上进入 Exploring DeltaV 画面,打开与艏吃水对应的通道 LI4101 画面,调出左中吃水的 Control Studio,查看系统逻辑运算转换过程,发现逻辑转换主要由一个输入量程转换块和一个输入 AI 模块来完成。分别查看各个运算块的信息发现,输入量程转换块的 IN_SCALE 为 3000～14788 mm,而 AI 块的 OUT_SCALE 也为 3000～14788 mm,现场变送器的量程为 0～11564 mm。从而推测是输入量程转换模块的 IN_SCALE 范围出错,应该与现场变送器的量程一致。

具体操作过程如下:首先查找相应通道。单击 Exploring DeltaV 进入界面,在 COML 文件下寻找点号。如图 1-2 所示,LI4101(艏吃水所对应通道),单击鼠标右键,进入 Open with Control Studio。

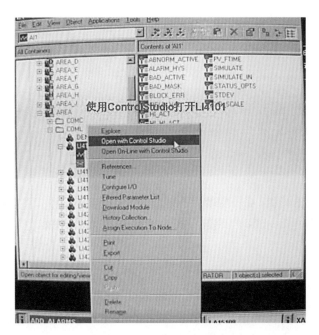

图 1-2　艏吃水液位计通道组态

查看离线状态下的逻辑运算块，单击 Online 按钮，使系统实时在线，进入编辑状态，单击 LI4101，出现子目录 AI 块和 SCLR 块，进入 SCLR1 目录查看 IN_SCALE 显示画面，如图 1-3 所示。

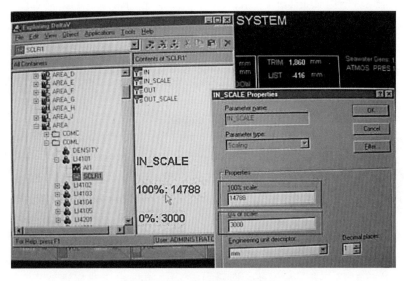

图 1-3　艏吃水液位计量程组态

再进入 AI1 查看 OUT_SCALE 参数设定值,如图 1-4 所示。

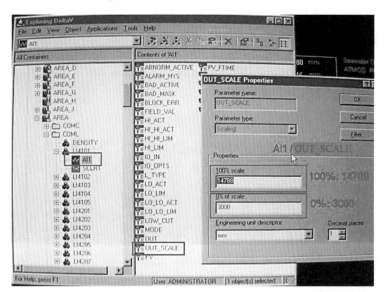

图 1-4　艏吃水 OUT_SCALE 组态

首先对艏吃水的 IN_SCALE 进行修改,改为 0～11564 mm(图 1-5)。重新下载程序块,发现显示值比原来值高出 3000 mm 左右,与实际值一致。接下来将其他吃水的软件转换块中的 IN_SCALE 也修改为现场变送器的值。故障解除。

图 1-5　艏吃水液位计 IN_SCALE 组态

同时对应用 CT801 型液位变送器作为测量工具的其他舱室也做了检查,对应 DeltaV 操作站上的逻辑块 IN_SCALE 存在同样的问题,对它们也做了修改。修改的量程范围与现场变送器上的量程一致。

案例 7　FPSO 船体左后吃水遥测液位计故障

1. 故障现象

船体左后吃水液位计中控无数据显示,控制箱里 67 通道显示"一"或"+",导致 4 号、3 号压载舱液位显示均不准确(吃水液位是相关压载舱液位的参考点)。

2. 故障原因

现场检查阀门无任何漏气,液位计本体各层均无漏气。拆除电路板检查,进行零点标定,显示 4 mA,标定 SPAN 时压力上升,电流无任何变化,显示一直为 4 mA。经检查发现电路板内传感器部分管脚有松动。

3. 分析过程及检修措施

(1)用旧的电路板传感器进行更换,可以正常标定,但无法达到量程要求。且库房目前无相应量程的电路板。

(2)用普通差压变送器代替。

① 保留原液位计本体部分,其低压(LP)口与大气相通,其高压(HP)口连接至差压变送器的高压端,原信号线(24 V,4～20 mA 电流信号)接至差压变送器,差压变送器的低压口与大气相通。

② 用 HART 手操器对差压变送器进行量程标定。首先按图纸上数据标定,中控显示值约为 7 m,与实际液位相差较大(实际值应为 10 米多)。再按液位计外壳上的值(表 1-1 和表 1-2)进行标定,中控显示值基本正常。

表 1-1　各项数据范围及对应电流值

参数名称	量程范围	对应电流值
图纸数据	3000～15198 mm	图纸未标出
原液位计铭牌数据	0～11966 mm	4～20 mA
差压变送器标定数据	0～11966 mm	4～20 mA

表 1-2　电路板量程范围

电路板类型	量程范围
铭牌数据	0～1050/2100 mm
原液位计内实际数据	4000 mm

4. 教训或建议

按照图纸数据标定电路板没有依据，图纸数据只是指该液位计中控程序显示的范围，并不是指现场液位计的测量范围。原因为现场传送至中控的信号是经一定换算关系后的显示。这种做法已在机舱柴油液位计和本例中得以证实，应按照液位计铭牌指出的量程范围及其对应电流值进行标定。

第三节 磁致伸缩液位变送器故障案例

案例 8 磁致伸缩液位变送器故障引发关断故障

1. 故障现象

2011 年 2 月 22 日 16:44，因为低压火炬分液罐的液位变送器 CEP_LI3411 故障，造成平台 3 级关断，同时引发关联油田原油处理系统 3 级关断。

2. 故障原因

（1）磁致伸缩液位变送器探杆偏离液位计的浮筒，探杆感应不到浮子的磁性而报故障。

（2）磁致伸缩液位变送器探杆没有固定到液位计浮筒上，长时间处于振动环境中探杆发生偏移。

3. 分析过程及检修措施

从图 1-6 可见，16:44:22 时，CEP 低压火炬分液罐 LI3411 先后发出液位高和液位高高两条报警，报警值均为 1416.31 mm，而 LI3411 的量程为 250～1350 mm，1416.31 mm 已经超量程，折算为 4～20 mA 电流值为 20.96 mA。磁致伸缩液位

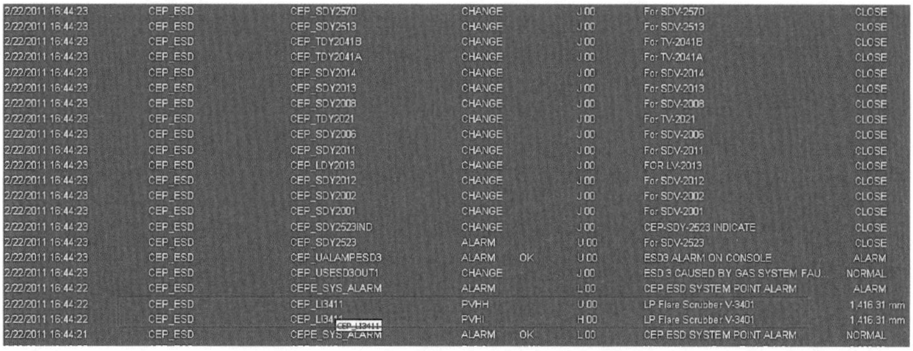

2/22/2011 16:44:23	CEP_ESD	CEP_SDY2570	CHANGE		J 00	For SDV-2570	CLOSE
2/22/2011 16:44:23	CEP_ESD	CEP_SDY2513	CHANGE		J 00	For SDV-2513	CLOSE
2/22/2011 16:44:23	CEP_ESD	CEP_TDY2041B	CHANGE		J 00	For TV-2041B	CLOSE
2/22/2011 16:44:23	CEP_ESD	CEP_TDY2041A	CHANGE		J 00	For TV-2041A	CLOSE
2/22/2011 16:44:23	CEP_ESD	CEP_SDY2014	CHANGE		J 00	For SDV-2014	CLOSE
2/22/2011 16:44:23	CEP_ESD	CEP_SDY2013	CHANGE		J 00	For SDV-2013	CLOSE
2/22/2011 16:44:23	CEP_ESD	CEP_SDY2008	CHANGE		J 00	For SDV-2008	CLOSE
2/22/2011 16:44:23	CEP_ESD	CEP_TDY2021	CHANGE		J 00	For TV-2021	CLOSE
2/22/2011 16:44:23	CEP_ESD	CEP_SDY2006	CHANGE		J 00	For SDV-2006	CLOSE
2/22/2011 16:44:23	CEP_ESD	CEP_SDY2011	CHANGE		J 00	For SDV-2011	CLOSE
2/22/2011 16:44:23	CEP_ESD	CEP_LDY2013	CHANGE		J 00	FOR LV-2013	CLOSE
2/22/2011 16:44:23	CEP_ESD	CEP_SDY2012	CHANGE		J 00	For SDV-2012	CLOSE
2/22/2011 16:44:23	CEP_ESD	CEP_SDY2002	CHANGE		J 00	For SDV-2002	CLOSE
2/22/2011 16:44:23	CEP_ESD	CEP_SDY2001	CHANGE		J 00	For SDV-2001	CLOSE
2/22/2011 16:44:23	CEP_ESD	CEP_SDY2523IND	CHANGE		J 00	CEP-SDY-2523 INDICATE	CLOSE
2/22/2011 16:44:23	CEP_ESD	CEP_SDY2523	ALARM		U 00	For SDV-2523	CLOSE
2/22/2011 16:44:23	CEP_ESD	CEP_UALAMPESD3	ALARM	OK	U 00	ESD3 ALARM ON CONSOLE	ALARM
2/22/2011 16:44:23	CEP_ESD	CEP_USESD3OUT1	CHANGE		J 00	ESD 3 CAUSED BY GAS SYSTEM FAU...	NORMAL
2/22/2011 16:44:22	CEP_ESD	CEPE_SYS_ALARM	ALARM		L 00	CEP ESD SYSTEM POINT ALARM	ALARM
2/22/2011 16:44:22	CEP_ESD	CEP_LI3411	PVHH		U 00	LP Flare Scrubber V-3401	1,416.31 mm
2/22/2011 16:44:22	CEP_ESD	CEP_LI3411	PVHI		H 00	LP Flare Scrubber V-3401	1,416.31 mm
2/22/2011 16:44:21	CEP_ESD	CEPE_SYS_ALARM	ALARM	OK	L 00	CEP ESD SYSTEM POINT ALARM	NORMAL

图 1-6 事件报警记录

变送器一旦发生故障就会输出 20.96 mA 的电流。而中控 ESD(紧急关断系统)默认 3~21 mA 电流为正常电流,因而将液位变送器的故障状态当作高高值的信号,从而触发了低压火炬分液罐高高液位 3 级关断的逻辑。

从图 1-7 中 LI3411 的液位趋势图可以看出,16:44:25 时,LI3411 的液位显示最大峰值为 1416.31 mm(超量程值)。该趋势图为每 10 s 采集一次数据的曲线,此时液位变送器一直处于故障状态,输出的电流值为 20.96 mA。

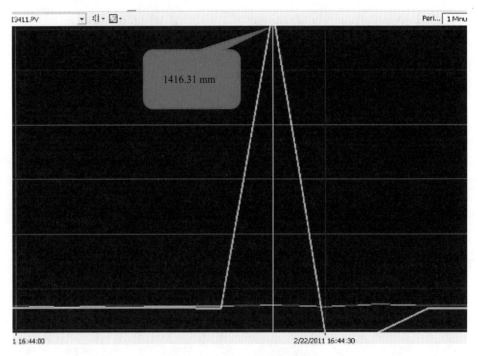

图 1-7　LI3411 的液位趋势图

现场对低压火炬分液罐的液位变送器 LI3411 进行检查,从外观上未见异常,但将保温拆除后发现该液位变送器的探杆没有固定在液位计的浮筒上(图 1-8)。

根据现场情况,初步怀疑是因为该液位变送器探杆没有做固定,而由于长期处于振动环境中,液位变送器探杆逐渐发生偏移,当探杆偏移到一定角度,探杆与液位计浮筒内浮子达到一定距离时,因检测不到浮子的磁性而报故障,输出 20.96 mA 的电流。

为了验证该故障原因,在对 LI3411 液位高高信号临时旁通后进行测试。测试结果如下:当液位变送器的探杆底端偏离液位计浮筒约 2 cm 时,现场表头即显示 20.96 mA 的故障电流,反复试验了几次均是如此。从 ESD 程序设计可知,20.96 mA 故障电流时液位显示 1416.31 mm,此时 ESD 程序中设定的液位高报警、高高报警逻辑已触发。

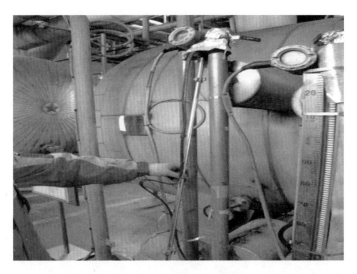

图 1-8　现场液位变送器

处理情况如下：

(1)对现场所有外置式的磁致伸缩液位变送器的探杆固定绑扎情况进行彻底检查和加固。

(2)对 ESD 和 FGS 系统的逻辑进行修改，将默认的正常电流信号范围调整到 3.5～20.5 mA，当电流值低于 3.5 mA 或者高于 20.5 mA 时，ESD 和 FGS 系统将视为现场仪表故障，但不触发关断，避免因为仪表故障造成油田关停。

4. 教训或建议

(1)施工建造时应对出厂的成撬设备，尤其是已被保温层覆盖的重点设备进行彻底检查。

(2)现场仪表如变送器、流量计等故障状态多为输出 3.04 mA 或 20.96 mA 的电流信号，而 ESD 系统默认的正常电流信号范围为 3～21 mA，由此故障电流信号在 ESD 系统里会被认定为相应的压力、液位等低低或者高高的信号触发相应逻辑，组态编程时要考虑周全。

案例 9　磁致伸缩液位变送器报警故障

1. 故障现象

2013 年 6 月 29 日，平台热水柜出现液位低低信号报警，电加热器停止工作。

2. 故障原因

查看中控系统该液位计的示数，显示液位为 450 mm，低低值为 600 mm。现场查看磁翻板液位计为 1005 mm,初步判定为液位变送器故障。该液位变送器为磁致伸缩液位变送器(图 1-9),无可观察磁浮子的视窗,磁浮子在不锈钢浮筒内。

图 1-9　磁致伸缩液位变送器

3. 分析过程及检修措施

现场查看变送器液位显示为 450 mm,电流显示为 3.86 mA。将上、下截止阀关闭,打开底部放空阀,将其浮筒内的液体放空,即液位变送器显示最低值,然后再打开液位计的隔离阀以恢复流程。反复操作几次后,发现变送器没有一点变化。用万用表测量液位变送器电压、电流正常,在接线端子处断电送电,变送器显示状态没有改变,排除变送器电气故障。将变送器磁浮子进行拆卸发现下端的垫片、杆和磁浮子部分结垢严重,但上下能够正常活动。但将浮子放在水桶中发现磁浮子不能浮起。把磁浮子从连杆中拆卸下来后发现浮子内部进水,导致整体密度增大,在水中不能浮起,故障原因查明。

故障处理如下:对垫片和磁浮子清洁,发现其有被腐蚀的痕迹但没有发现裂痕或者穿孔。用砂纸把磁浮子表面打磨干净,用 1 mm 的钻头在腐蚀严重的区域打开小孔,将浮子内部液体放空。对磁浮子积水清理完毕后,用铁水泥(A、B 胶按体积比 4∶1 混合)将有腐蚀和钻孔处进行密封。在铁水泥干结后将磁浮子放入水中测试,浮子能浮于水面上,修补效果良好。

回装变送器并打开上、下截止阀,变送器和中控系统显示液位值以及现场磁翻板液位计显示一致,均为 1012 mm,故障解除。

4. 教训或建议

对液位计进行定期预防性维护(PM)是非常有必要的,避免类似的事情发生。

压力检测类仪表故障案例

第一节 压力变送器故障案例

案例 1 压力变送器取压管断裂故障

1. 故障现象

A 平台中控系统显示 A6 井 PT-1012 低压报警,压力显示为 0 MPa,操作人员立即去现场检查确认,发现 A6 井采油树翼安全阀与油嘴之间的 PT-1012 根部的取压管线断裂(图 2-1),原油从断裂的仪表管线处外泄。现场操作人员立即赶往井口盘关闭 A6 井主、翼安全阀(主、翼安全阀关闭后,PSL-1006 触发电潜泵自动停泵)。

图 2-1 PT-1012 根部的取压管线断裂

2. 故障原因

由于变送器表头加上两个仪表阀门,重量大约为 5 kg,作为支撑点的是 1/2 英寸[①]

[①] 1 英寸＝25.4 mm,下同。

仪表管,处于"头重脚轻"的状态。这种状态下,当海冰导致平台出现较大振动和晃动时(断裂前后平台的振动加速度最高达到 84 cm/s^2),表头发生颤动,在仪表管卡套的连接处产生连续的扭力,导致 PT-1012 根部取压管线断裂。

3. 分析过程及检修措施

更换新的取压管线,并对变送器做适当的固定。对其他的变送器也采取相应的固定措施。

4. 教训或建议

(1)冬季冰情严重时,尽量安排值班船在平台值班破冰,但从目前的船舶配置和实际需要看,无法保证船舶 24 h 破冰。

(2)更改此类仪表的固定方式,进行柔性固定,或增加支撑,固定太紧可能会有副作用。

(3)振动较大的场合,避免使用仪表管做导压管,直接使用外丝螺纹进行连接。

案例 2 燃料气净化器 PT3111 故障

1. 故障现象

燃料气净化器 PT3111 压力突然变为 0 kPa,导致 Solar(索拉)透平切换柴油,并且产生 2 级关断。

2. 故障原因

(1)中控系统的卡件故障报警。

(2)中控系统控制柜内该回路输出保险烧毁。

(3)端子松动。

(4)线缆有断线现象。

3. 分析过程及检修措施

(1)检查现场 PT3111 外观及接线盒内部,无异常。

(2)将现场接线端子及中控接线端子拆下分别进行单线校验,回路正常无断路现象。排除线路断线原因。

(3)检查中控盘柜内端子,牢固可靠,排除松动故障。

(4)测量中控盘柜内保险,发现保险烧毁。

(5)测量中控系统 AI 卡件,发现该回路输出无电压,说明该卡件也同时报警。

(6)重新将 AI845-1 断电复位,更换保险,故障解决。

案例 3 废热回收进气压力变送器(PT)故障导致主机停机

1. 故障现象

某平台发生 3 级关断。2 号主机报"FL_WHRS_FAST_STOP"故障停机,由于总体负载较低,正在运行的 3 号、4 号主机没有受到 2 号主机停机的影响正常运转。

2. 故障原因

仪表与设施人员迅速组织对本次 2 号主机停机故障展开原因分析。现场检查废热回收锅炉 B 机,发现控制面板"inlet WGH air pressure too high"的报警灯亮(图 2-2),手动复位后恢复正常。

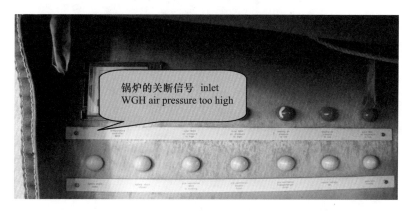

图 2-2　故障报警灯

本次造成 2 号主机停机的直接原因是来自废热锅炉的信号"FL_WHRS_FAST_STOP",而正是废热回收锅炉 B 机的"inlet WGH air pressure too high"触发了此关断信号的产生。

由于受到电网负载波动的影响,B 机的负载降低过快产生较大波动,造成了 B 机排气温度降低不能满足废热锅炉换热的要求,热油温度降低,引起进气风闸和旁通风闸联动,即开大进气风闸,关小旁通风闸。在调节风闸开度的同时,机组的负载变化较大引起了排气的紊乱,最终导致了压力开关突然的动作,逻辑关系如图 2-3 所示。在进气风闸前有两个压力高高的开关,动作设定值都为 7 kPa,而报警的只有PSH2.771 一个,怀疑此压力开关存在漂移的可能。

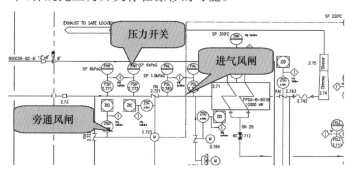

图 2-3　逻辑关系图

3. 分析过程及检修措施

停机冷却后,仪表人员对压力开关 PSH2.771 和 PSH2.772 进行打压校验,发现 PSH2.772 动作正常,PSH2.771 的动作值漂移在 3 kPa 就发生动作(图 2-4)。

旁通风闸

图 2-4 现场压力开关

此次 2 号主机停机的原因是由于机组负载波动引起排气温度的变化,在风闸调节时气流的紊乱导致压力开关的误动作触发了关停信号,造成 2 号机组停机。

更换新的压力开关,并进行调整校验。对其他的压力开关进行测试,测试结果正常。

4. 教训或建议

提升对锅炉附属仪表的 PM 工作,建立相应的 PM 制度并严格执行。

第二节　压力开关故障案例

案例 4　某平台压力开关误动作造成 3E 级关断故障

1. 故障现象

2013 年 3 月 25 日 16:40,某平台发生生产 3E 级关断。

后果:如不及时恢复导通 12 寸海管工艺流程,将造成 BOP(压缩机)平台高压产生二次关断,同时燃料气罐高压,透平关停造成全油田失电,最后造成平台 2 级关断,对整个平台生产及作业造成巨大损失。

2. 故障原因

(1)12 寸海管压力开关 PSHH-2091 报警产生关断。

(2)压力开关内微动开关故障。

3. 分析过程及检修措施

检查过程:2013 年 3 月 25 日 16:40,平台中控人员广播通知中北平台发生 3E 级关断,仪表人员随即到现场检查。

(1)首先对中控系统进行关断原因确认,在报警信息中查看,主要引起关断的原因是 12 寸海管的压力开关 PSHH-2091 高压动作报警,触发了平台关断逻辑。

(2)为了不使关断级别进一步提升,仪表专业人员对该段流程的压力变送器数值趋势进行检查,确认压力开关为误动作,随即到现场对压力开关进行放压,报警复位,同时申请临时旁通,对故障开关进行旁通,关断系统报警进行复位。

(3)现场生产人员随即恢复工艺流程,仪表人员携带打压和标定工具对该压力开关进行检修标定:

① 现场连接打压管线及万用表。

② 打压测试,压力开关动作值为 7200 kPa(低于开关的设定值),但是以管道当前压力值,压力开关不应该动作。

③ 对压力开关内的压力膜片及顶针进行检查,未见异常及故障现象。

(4)检查信号线及微动开关,信号线的连接正常,微动开关的检查过程中发现微动开关故障。为了平台生产安全,决定整体更换该压力开关,不进行维修,新开关标定完成后及时安装,撤销中控信号旁通。一切恢复正常运行状态。

4. 教训或建议

对关键节点的开关类仪表定期进行标定,对于投用年限较长的仪表有计划地进行更换。

案例 5　PSLL2201C 冻堵动作引发故障

1. 故障现象

PSLL2201C 引压管线上的仪表截止阀与压力开关连接处冻堵,造成误动作,引起 MS8 关井。

2. 故障原因

(1)直接原因:中南平台 MSW-E-241C 出口管线处 PSLL2201C 开关低压动作,引起 MS8 关井。经现场确认,管线压力正常,无泄漏情况,属于误动作造成的单井关断。

（2）间接原因：由于天气寒冷，引压管线较长，并且没有加设伴热带，造成仪表截止阀处冻堵，长时间后引起低压开关动作。

3. 分析过程及检修措施

（1）拆卸压力开关，通过手动打压泵打压进行重新标定，使其动作值和复位值在正常范围内。

（2）给引压管线加装伴热带，重新做好保温，对截止阀进行解堵。

（3）装设标定好的压力开关，开关正常复位，报警解除。

（4）观察一段时间后，开关正常，旁通恢复。

4. 教训或建议

要对现场的开关做好保温工作，特别是一些涉及关断逻辑的重要仪表。

案例 6　压力开关误动作导致某平台关断故障

1. 故障现象

2008 年 3 月 19 日 09：31：08，某平台新井口盘的 PSLL-2115 发生报警后又瞬间复位，但由于 PSLL-2115 误报警引发 WHPB 平台 2 级关断，电动消防泵系统没有正常启动。

2. 故障原因

检查新井口盘和老井口盘的 ESD 回路压力和两路易熔塞压力均正常，检查所有的 ESD 平台均正常，并没有被触发和压力泄放。

检查 DCS 系统的卡件是否也都正常工作，没有过热和异味等异常现象。

检查 B 平台 PSLL-2115 的内部关断程序的逻辑，发现其动作后可触发 ESD 2 级关断，导致关断生产系统，但 PSLL-2115 并没有启动电动消防系统的逻辑。

PSLL-2115 从报警到复位存在 0.116 s 间隔，判断是一个信号瞬间误动作造成的故障。

3 月 20 日，将所有新井口盘的信号和采油树液压管线旁通，检查 PSLL-2115 压力开关，模拟振动，轻敲和稍重一点的敲击并没有产生动作输出。检查压力开关接线端子、压力开关到新井口盘接线箱的接线、10P 电缆在新井口盘的接线和 DCS 柜内的接线，做全面的检查，发现有一处松动和虚接。

3. 分析过程及检修措施

根据上述检查结果可以确定故障，将 B 平台新加井口盘的所有接线端子和电缆全部检查紧固；压力开关和其他电磁阀全面检查，确认其可靠工作；WHPE 平台新井口盘投用前也要做相应的工作。

检查其他几个平台 DCS 系统的工作温度,保证 CCR 空调正常工作,机柜内的冷却风扇和散热设备工作正常。

避免在井口盘和有类似压力开关设备的附近有较大振动的作业。避免对仪表用电缆有碰撞和损伤的作业。

4. 教训或建议

(1)加强平台新旧井口盘的 PM 检查,仪表人员做好平台人员的培训工作,及时发现问题并解决。

(2)新井口盘和老井口盘的易熔塞回路和 ESD 回路是连在一起的,5 个开关都起相同的作用,过多的保护开关虽然增加了安全性,但也增加了系统的故障和误报率。经研究后取消新井口盘 PSLL-2114 和 PSLL-2115 的关断逻辑程序,只保留其报警功能。

第三节　差压变送器故障案例

案例 7　A 平台混输泵差压变送器故障

1. 故障现象

差压变送器 PDIT2012A/B 和 PDIT2013A/B 在混输泵控制屏上不能正常显示实际的差压值,一直显示为 −318 kPa。用手压泵进行打压试验时现场液晶表头能够显示实际值和差压值,但中控系统没有任何显示变化,并且使用手操器与变送器进行通信时,手操器显示无法找到设备。

2. 故障原因

使用 HART-375 手操器与变送器进行通信时,发现无法进行通信,对变送器零点进行手动复位后,重新尝试通信,发现可以与变送器通信,显示为"LRV(零点):6000 kPa;URV(量程):0 kPa"。这与习惯用法零点、量程的设定方式不同,常用习惯设定为"LRV(零点):0 kPa;URV(量程):6000 kPa"。此外,PDIT 变送器 AO 输出 4 mA 时,混输泵控制屏显示为最大量程值;输出 20 mA 时,混输泵控制屏显示最小零点值。

将过程值(PV)由大到小调整到 1500 kPa 时发现,375 手操器又不能与变送器通信了,必须对零点再次复位才能通信。根据此现象发现,变送器当设定为"URV(量程):0 kPa;LRV(零点):6000 kPa"时,必须有一定数值的 PV 值,否则 375 手操器无法与变送器通信,无法改写任何数值,这说明变送器的量程范围设定有问题。测量值 AO 和混输泵液晶显示值对应关系如表 2-1 所示。

表 2-1　量程范围及对应电流值和混输泵液晶显示值

URV	LRV	AO	混输泵液晶显示值
0 kPa	5000 kPa	9.2 mA	4062 kPa
0 kPa	6000 kPa	11.7 mA	3311 kPa
0 kPa	7000 kPa	12.3 mA	2876 kPa

3. 分析过程及检修措施

在 PV＝3311 kPa 时,URV 为 0,使用手操器手动更改 LRV 值。

(1)将差压变送器的高低压室连通,将各自入口阀关闭,放空阀打开,并将此时变送器显示的 PV 值使用 375 手操器写入 URV 处,作为满量程值。

(2)将平衡阀关闭,低压室与大气连通,使用手动液压泵接入变送器高压侧打压,压力升高至 6000 kPa,并将此时变送器显示的 PV 值使用手操器写入 LRV 处,作为零点值。

4. 教训或建议

(1)国外进口设备较多,各种仪表的使用习惯不尽相同,容易造成使用过程中的误操作和维护不便,对此要在设备维护过程中格外注意。

(2)规范设备的采办要求,在采办无法控制的情况下加强对设备档案记录的完善,择机进行改造,以免给后续的维护操作带来隐患。

第三章

流量检测类仪表故障案例

案例 1　缓冲罐气相出口快速孔板流量计故障

1. 故障现象

流量计 FT-1501 由快速孔板和差压变送器组成，FT-1501 显示数一直为 0。

2. 故障原因

导通气路后，打开五阀组的进气口，并无差压显示，怀疑五阀组有问题，后经过检查，该五阀组并没有问题，只是五阀组进气口和排放口与普通的五阀组设置正好相反，属操作不正常。正确导通五阀组流程后，仍然没有输出，再分别单独导通高压侧和低压侧，关闭平衡阀，缓慢打开一侧泄放阀，FT 有指示，判定高低压侧同压，进而检查快速孔板。

参考相关快速孔板的操作方法后，对该孔板进行提升和下放，这时 FT 有指示值，但中控操作人员反映该数值偏小，大约只有实际流量的一半。认真检查孔板机构，在取出孔板的操作过程中发现，关闭中间截止阀后，该快速孔板上腔室的压力泄不掉，怀疑密封脂太少或中间截止阀存在内漏现象，可能引起孔板上下游压差互串，进而使压差受损，导致变送器不能测量出真实的压差，计量不准。

3. 分析过程及检修措施

(1) 对孔板流量计流程进行隔离，泄压拆卸孔板。

(2) 对隔板处加注密封脂。

(3) 保养中间截止阀和放气阀。

(4) 安装孔板，并正确投运，FT-1501 显示正常。

4. 教训或建议

(1) 设备初始投用时的验收要严格把关。

(2) 做好初始投运的维护保养，以免给后期生产造成不可预知的故障。

案例 2　混输泵 A 滑油系统流量检测故障

设备名称：德国雷士螺杆泵、油气水三相混输泵

1. 故障现象

润滑油系统干路流量变送器 FIT-2002A 显示值偏小，接近于设定的混输泵停机低限报警值。同时注意到 3 个润滑支路中齿轮箱润滑一路的流量计 FI-2007A 显示值很小，接近于零，而另外两条轴承润滑支路流量计显示值很高，接近于满量程，流程如图 3-1 所示。

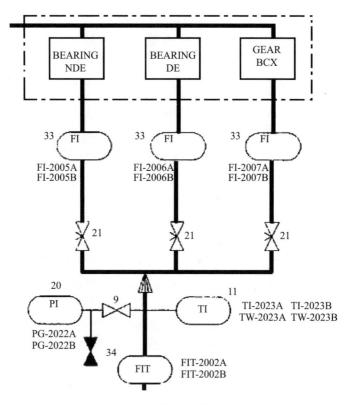

图 3-1　润滑油系统流程图

2. 故障原因

三条润滑支路中的流量计显示值之和应该略大于干路流量变送器 FIT-2002A 的显示值，对比混输泵 B 泵，发现 B 泵也有类似状况，据此判断流量变送器或流量计存在偏差。但齿轮箱润滑支路流量计显示值接近于零，很不正常。

造成这种现象的原因有两种可能:一种是齿轮箱润滑支路的实际流量确实很小(有堵塞的地方),另一种则是齿轮箱润滑支路的流量计故障。如果是齿轮箱润滑支路不通畅,由于滑油泵排量一定,使两个轴承润滑支路的流量增大,流量计显示值会高于平时,符合实际情况,同时也造成润滑油系统压力升高(观察润滑油系统的压力表 PG-2022A 得到证实)。同时,由于润滑油系统压力的升高,润滑油系统的总流量也会相应降低,符合实际情况。

3. 分析过程及检修措施

为了判断齿轮箱润滑支路流量计 FI-2007A 是否有故障,首先把 FI-2007A 与轴承润滑支路流量计 FI-2006A 进行互换,再次启动后故障现象与互换前一致,基本可以判断 FI-2007A 没有问题。

然后,开大了齿轮箱润滑支路的手阀,阀开度增大而此支路流量没有明显变化,说明此支路另有节流点,且节流效果比手阀好。而实际管路中,此支路并没有其他可调的节流元件,由此可以判断出齿轮箱润滑支路有堵塞。

最后,通过对齿轮箱润滑油管路的解体发现,在末端的缩颈喷油口处,有絮状物将喷油口堵塞,随即对管路进行了清洁。进一步检查了整个油箱,发现油质很差,能够看到明显的油泥和铁粉。随即更换了整个系统的润滑油。系统恢复正常运行。

4. 教训或建议

(1)更换选择合适的滤网。

(2)定期进行油品化验,必要时及时更换。

(3)油品污染严重,说明存在生产介质倒窜入润滑和密封油系统的情况,加剧了油品的污染破坏,停泵后,要及时对生产介质进行泄压放空。

案例 3　某平台计量分离器气相流量计故障

1. 故障现象

FT-2401 测量值失准。将 MS8 井导入计量流程后,发现计量值与日常经验测量值存在 1000 m^3/h 的差距。将 6D 井导入计量流程后,发现计量值为零,扩大油嘴到 16/64 寸后,发现测量值升至 600 m^3/h,与经验流量值偏差较大。

2. 故障原因

(1)工艺介质的自身问题。

(2)压差测量元件失准(变送器、孔板)。

3. 分析过程及检修措施

(1)对工艺参数进行观察,发现在油嘴开度与故障之前保持一致的情况下,油压与故障前基本相同,同时计量分离器气相调节阀 PV-2064 的开度与正常时比较也基本一致,因此排除此故障。

(2)对于压力类变送器来说,测量管线积液、结水化物常常导致管线堵塞,影响测量值的准确性,但对此差压变送器高低压腔室进行排液后发现数值没有明显的变化,排除外界对差压变送器的影响。

(3)虽然测量值存在一定的误差,但是仪表依然能进行持续、稳定的测量,可以认为此变送器的元件没有损坏。另外,在无流量的情况下,流量指示为零,说明零点正常,而在有气流的情况下,仪表指示值偏低,初步怀疑量程的设定值发生了漂移,遂决定利用手压泵对差压变送器进行打压,对其量程进行标定。但是,由于此变送器已经服役 13 年,其量程调节螺丝发生风化腐蚀,调节困难。

(4)对变送器进行拆解,直接从内部对其零点和量程旋钮进行操作。重新标定过后,气体流量测量值恢复至正常水平,计量分离器成功投运。

4. 教训或建议

(1)对仪表密封、连接部件、调节螺丝进行周期性维护,涂抹黄油。

(2)对压力类仪表及时排液、排气,避免管线堵塞影响测量的准确性。

(3)清点库房备件,熟悉备件的参数、位置、数量,对无备件的关键仪表应及时申请备件。

案例 4 化学药剂泵流量计堵塞故障

1. 故障现象

2012 年 10 月 21 日 08:30,当班人员发现化学药剂泵 P-702B 泵出口压力标示值只升不降。

2. 故障原因

(1)压力表不准。

(2)泵运行异常。

(3)泵出口有堵塞的地方,无法正常向流程中注入药剂,造成泵出口高压。

3. 分析过程及处理措施

(1)对压力表进行校验后,装到其他药剂泵上显示正常。然后对化学药剂泵进行检查,运行一切正常。最后判断为泵出口至海管段管线堵塞。

(2)针对出口管线堵塞,采取逐段排除法。

(3)先断开化学药剂泵出口处管线,然后断开与海管连接处的管线,从泵出口处接入生产水,对该段化学药剂注入管线进行水压驱动,发现该段管线不通。

（4）从流量计进口处断开，从泵出口处接入生产水驱动，发现此段管线畅通。最后确定为流量计处管线被堵。

（5）拆开流量计，发现流量计内单流阀芯被原油、杂物等堵死，清除原油、杂物等，流量计恢复正常。

（6）恢复流程，启动药剂泵，压力表显示正常，泵排量标定正常，说明管线已恢复畅通。

4. 教训或建议

为避免类似问题发生，应建立定期维护保养制度，对没有滤网的设备、管线增加滤网，有滤网的则需定期进行清洁，以防对设备、管线造成堵塞，影响正常生产。

第四章

执行器故障案例

第一节　调节阀故障案例

案例 1　某平台温度调节阀喘振故障

设备名称:乙二醇再生 A 系统温度调节阀

1. 故障现象

温度调节阀在输出开度达到 95％以上时,调节阀出现喘振现象。

2. 故障原因

(1)直接原因:阀门定位器工作不稳定,频繁放气。

(2)间接原因:中控 PID 控制参数不合适,比例(P)、积分(I)参数设置不当。

3. 分析过程及检修措施

检修过程如下:逐步调整比例积分系数,调整后一人在中控调整设定值观察,一人在现场观察调节阀的实际动作情况,经过反复调整后,最终将各系数调整如下:P 由 60 调整至 50,I 由 0.01 调整至 0.1。此时阀门动作灵活可靠,没有异常喘振现象发生。由此看出,原来的积分时间太短,导致控制器输出调节过于频繁,从而在流程状况发生变化时,引起了喘振的现象。

4. 教训或建议

(1)对于阀门的安装调试要考虑到各种工况,对其参数的设定要谨慎。

(2)初始投用时,最好使用模拟器进行模拟整定。

(3)加强对现场阀门的检查和巡检,发现任何不正常现象时都不放过。检查控制系统其他阀门设定值是否存在同类情况,及时调整。

案例 2　气动调节阀 LV-3003 不动作故障

设备名称:污水处理气浮选器清水口出口管线调节阀　设备型号:LV-3003

1. 故障现象

2010 年 7 月 4 日,污水处理气浮选器清水出口管线调节阀不动作,造成水系统无法正常运行。

2. 故障原因

(1)直接原因:调节阀主气路气体放大器故障,使控制器无法对其进行调节,造成调节阀无法正常动作。

(2)间接原因:气体放大器内球阀连接杆断裂,造成放大器故障,无法正常动作。

3. 分析过程及检修措施

(1)中控将该阀转为手动控制,现场使用万用表进行电流测量,结果正常,排除电流信号故障。

(2)对 ESD 控制回路电磁阀进行功能测试,结果正常。

(3)对主气路、控制气路仪表管线进行拆检,发现控制气路正常,主气路经过气体放大器后没有气源输出,故判断气体放大器故障。

(4)对气体放大器进行拆检,发现放大器内球阀连接处断裂,因无法维修,故领取备件进行更换,动作正常。

4. 教训或建议

(1)严格执行预防性维护保养制度,每班次对调节阀进行维护保养。

(2)定期对仪表气进行露点测量,定期进行仪表气回路低点排液,防止恒节流孔进液堵塞,造成放大器无法正常使用。

案例 3　某平台高压分离器调节阀仪表气源管线漏气故障

设备型号:CEP-PV-1511

1. 故障现象

2012 年 7 月 11 日,在对高压分离器入口调节阀气源管线进行紧固维护时,仪表管突然从接头内进出,导致调节阀关闭。

2. 故障原因

气源管线在连接时未按照正确的方法连接仪表接头和管线,导致仪表接头与仪表管线没有紧固连接。

3. 分析过程及检修措施

(1)将流程导至旁通流程,将调节阀隔离出来。

（2）将调节阀气源关闭。

（3）对有问题的管线接头进行重新连接。

（4）对该气源管线的其他接头重新检查,紧固。

4. 教训或建议

（1）对施工人员要进行技术摸底,必须持证上岗。

（2）严把施工质量关,认真组织检查验收。

（3）在日常的维护保养期间也要做好风险分析和应急预案。

案例 4　热油系统压力调节阀意外关闭故障

1. 故障现象

2012 年 8 月 10 日,热油系统压力调节阀 PDCV-5002 故障,造成热油系统压力波动,操作人员手动控制阀门导致热油系统运行不稳定。

2. 故障原因

调节阀控制信号线腐蚀,脱线断开,造成调节阀失电,出现故障。

3. 分析过程及检修措施

（1）控制盘全部断电,然后再恢复,故障未能消除。

（2）打开调节阀信号线接线箱,对进线进行电压测量,未能检测到电压信号。

（3）打开电源线接线箱,测量电压,检测到 24 V 电压。至此,初步判断是电源线接线箱到信号线接线箱之间的连接电缆出现故障。

（4）仔细检查电源线接线箱到信号线接线箱之间的连接电缆,发现在信号箱内有线缆腐蚀严重,脱焊断开（图 4-1）。

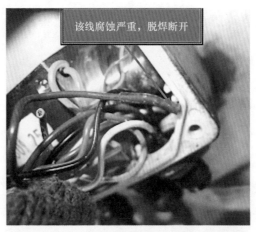

图 4-1　调节阀信号箱内接线

(5)由于此断线从根部脱开,空间狭小,无法再焊接回原位,因此,利用此电缆中的一根备用线将此断线进行替换,替换后测量电压正常,调节阀工作正常。为避免电缆再次腐蚀脱焊断开,将电缆根部过电缆孔的位置用硅胶隔离密封做好防腐措施(图4-2),并在接线箱中放置适量的干燥剂。

图 4-2　调节阀接线箱内接线

4. 教训或建议

(1)设备维护保养时要做好防腐防水措施,尤其是要对各个接线箱的盖板、过电缆孔做好密封。

(2)定期打开各个接线盒,检查其接线并进行紧固,检查防水、防腐情况。

案例 5　A 平台多项流量计液相调节阀故障

1. 故障现象

2018 年 6 月 16 日,A 平台多项流量计 MFM-1301 液相调节阀 LV1201 发生故障,不能进行调节动作,致使流量计无法进行计量。

2. 故障原因

(1)配电间至流量计控制箱供电线路发生断路或电源开关发生跳闸。

(2)流量计控制箱至调节阀执行机构信号电缆发生断路或接地。

(3)流量计控制箱至调节阀执行机构动力电缆发生断路。

(4)流量计 PLC 控制器的 I/O 卡件故障。

(5)调节阀卡住。

(6)调节阀执行机构内部控制发生故障,如正反转控制、启动电容等。

3. 分析过程及检修措施

(1)对流量计撬块电源开关进出口测量 AC 有 220 V,由此能够排除开关间至流量计撬块供电线路出现故障。

（2）脱开流量计撬块电气控制盘至调节阀执行机构电缆，测量单相对地阻值无穷大，说明电缆无接地现象。短接执行器电缆端，流量计控制盘端测量电阻值，阻值为 0.1 Ω，说明电缆无断路现象，由此排除故障。

（3）在流量计控制盘的触摸屏处进行手动输出数值控制 LV1201，并将电流表串入信号回路中，发现从 PLC 控制器模块能够输出 4～20 mA 电流，说明 I/O 模块正常，排除故障。

（4）对调节阀断电后，通过手柄进行手动开关阀，在 0%～100% 能够灵活动作，由此排除故障。

（5）检查调节阀电气控制部分（部分接线如图 4-3 所示），通过电路板外观、气味判断其无损坏及烧焦现象，测量调节阀全开和全关两个限位开关，能够正常动作发出断开和闭合信号。通过断开红色限位开关（零点限位）电路，发出大于 4 mA 信号，

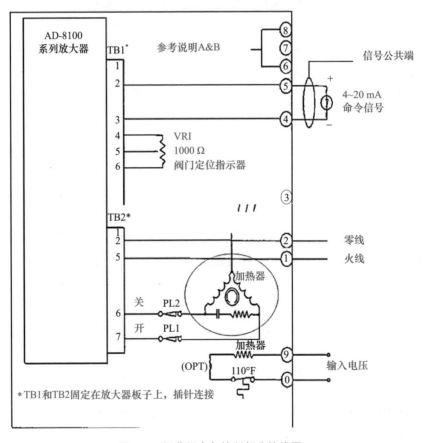

图 4-3　调节阀电气控制部分接线图

阀门可以向开的方向动作。断开白色限位开关(量程限位)电路,发出小于 20 mA 信号,阀门可以向关的方向动作。当使用信号发生器发出任意控制信号,并且模拟两个限位开关在调节阀为 0%或 100%时都为闭合状态,电机无任何动作,并且发现电机线圈在十几秒的时间温度上升很快,30 s 左右时线圈的温度已经无法用手触摸,为 65~85 ℃,明显处于异常状态。通过查厂家资料发现,当调节阀为 0%或 100%时,由于两个限位开关都为闭合状态,也就是让电机正反转电路都带电,为保证电机在得到相应信号后做出正确开关阀运转,另一模块决定了对这两个电路进行相应的通断控制。但实际测量的结果是,当两个限位开关都为闭合状态时(相当于调节阀为 0%或 100%),接收到任何信号后,正转和反转电路均带 220 V 动力电(也就是图 4-3 中 1、6、7 处都带电),造成电机线圈短时间温度上升很快,也就是说控制模块没有起作用,处在故障状态。因此,判断故障点在控制电路。

(6)对电路板进行以下调试:

① 首先将 SW2 模式控制开关设定为 ON OFF ON ON ON ON,反馈方式选择电流反馈。

② 发现阀门不能动作,但可以单方向运动。

③ 检查线路,发现电容一侧线鼻子接触不好,线鼻子已经脱落,单相电机启动电容开路,导致电机无法运转而发热,重新接好后调试正常。

4. 教训或建议

(1)电动调节阀控制和结构复杂,振动大,内部线路容易发生脱落等现象。

(2)在条件允许的情况下要定期开盖进行检查。

(3)尽量减少电动调节阀的使用。

案例 6 某平台调节阀故障检修

1. 故障现象

调节阀无法实现自动调节,调节阀打开、关闭时速度较快,且频繁开闭。

2. 故障原因

调节阀内部有异物。

3. 分析过程及检修措施

首先怀疑 PID 参数设置不合理,检查并对自动调节的积分参数设置进行调整。调整失效后,决定对现场调节阀拆卸检查。拆卸后,发现阀座处有塑料膜、焊渣(图 4-4)。将这些杂物清除后,回装设备,经过测试恢复正常。

图 4-4　调节阀阀座照片

4. 教训或建议

(1)系统投运时,一定要对系统按照规范要求进行完全吹扫。

(2)新系统投运初期,系统容易暴露出各种隐患,要加强对设备微小异常现象的观察,对任何异常迹象都不放过且及时处理,以免造成更大隐患。

案例 7　燃气压缩机 B 机调节阀 PID 参数不合理造成高压停机故障

1. 故障现象

2021 年 2 月 8 日,燃气压缩机 B 机突然报警停机。

2. 故障原因

21:53:15 时和 23:29:25 时,因燃气压缩机一级入口高压报警(PT-3112B)造成压缩机停机(高高压设定值:360 kPa)。

3. 分析过程及检修措施

(1)通过分析现场显示屏报警记录确认,一级入口高高压报警(PT-3112B)造成压缩机停机。

(2)分析流程图,燃气压缩机入口的天然气是从一级分离器(V-2001)和燃气洗涤器(V-3101)过来的,所以先分析这两个容器的压力变化。

(3)中控调用这两个设备上回路的历史趋势,具体数据如表 4-1 和表 4-2 所示。

表 4-1　一级分离器(V-2001)回路的历史趋势(设定值 SP:320 kPa)

时间	21:52:35	21:53:15	23:28:55	23:29:25
PIC-2011 压力值	313.071 kPa	380.151 kPa	307.979 kPa	369.611 kPa
PV-2011A 阀门开度	51.618%	100.000%	52.704%	100.000%
PV-2011B 阀门开度	0.000%	54.203%	0.000%	24.119%

表 4-2　燃气洗涤器(V-3101)回路的历史趋势(设定值 SP:310 kPa)

时间	21:52:35	21:53:15	23:28:55	23:29:25
PIC-3102 压力值	300.301 kPa	370.667 kPa	296.916 kPa	368.218 kPa
PV-3102 阀门开度	−5.000%	105.000%	−5.000%	105.000%
PI-3101 压力值	300.125 kPa	375.048 kPa	298.741 kPa	370.098 kPa

(4)对历史数据分析发现,造成压缩机入口高压的原因是:一级分离器气相压力下降时,阀门 B 开始关闭,阀门 A 进行气相压力调节。一级分离器气相压力升高时,调节阀 PV-2011A 及 PV-2011B 动作不及时,造成一级分离器压力高,从而导致下一级的压缩机入口压力(PT-3112B)高高停机。

(5)随后对中控 PCS 系统一级分离器气相 PIC-2011 的 PID 参数进行调整,调大增益 Gain 值(提高阀门的响应速度),适当减小积分时间 Ti(缩短调整稳定时间),一级气相压力目前控制平稳。

4. 教训或建议

设备投产调试时要做好参数的调校,避免日后给生产带来不可预知的问题。

案例 8　计量分离器 PV-3141 故障

1. 故障现象

2013 年 5 月 15 日 04:00,夜班操作人员在现场巡检时,经过计量罐时听到"呲呲"的漏气声音,发现罐顶的 PV-3141 顶部放气口一直漏气。

2. 故障原因

平台长到现场经过检查,初步判断可能是膜片损坏导致漏气,将 PV-3141 仪表气阀门关闭,暂时停用计量罐。

3. 分析过程及检修措施

根据上述原因分析,拆开 PV-3141 顶部端盖,确认就是膜片损坏(图 4-5)。因为没有备件,只能临时粘补。2013 年 6 月 22 日,平台收到两个新膜片,对 PV-3141 的膜片进行了更换,彻底解决了膜片漏气故障。

4. 教训或建议

(1)操作人员巡检时要细心,对可疑的声音和现象要进行彻底的排查,不能疏忽大意。

(2)遇到紧急情况,不要惊慌,迅速做好隔离,避免发生严重后果的同时,及时通知领导和专业人员。

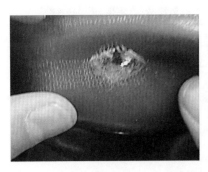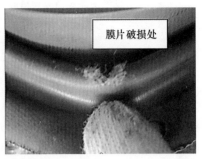

膜片破损处

图 4-5 调节阀膜片照片

第二节 关断阀故障案例

案例 9 燃气压缩机 B 机入口紧急关断阀 SDV-3111A 故障

设备型号:燃气压缩机 RAM52

1. 故障现象

SDV-3111A 关断阀动作不到位。

2. 故障原因

球阀执行机构卡滞。

3. 分析过程及检修措施

(1)现场检查关断阀执行机构,开关关断阀,检查阀门动作情况。

(2)检查气源压力为 0.5 MPa,压力正常。

(3)解体关断阀气缸执行机构,检查内部机械部件,添加润滑脂。

(4)气缸执行机构、控制气路回装。

(5)进行阀门动作试验,阀门依旧存在开关不到位情况。判断故障原因为球阀阀芯卡滞。

(6)对流程进行隔离放空,计划更换阀体。

(7)将执行机构移除,发现阀体阀杆处锈蚀严重,由此判断阀芯可能内部存在严重锈蚀,导致摩擦力增大,执行机构无法驱动阀芯转动。

(8)通过更换同尺寸的阀体,与原有执行机构组装后恢复流程,使用正常。

4. 教训或建议

(1)对于长期处在一个位置不动的阀门,要利用停产检修和流程倒换的方式,定期进行活动检查。

(2)对阀门的部件要做好日常的维护保养,防止锈蚀。

案例 10 某平台压缩机放空阀 BDV 不能关闭的故障

1. 故障现象

报警显示伴生气压缩机 C 机控制盘报警关断,提示"Blowdown Valve Faile to Close",二级放空阀故障打开,压缩机 C 机故障报警。

2. 故障原因

(1)电磁阀控制回路接线开路。

(2)控制器 SLC500 的 DO 卡件故障,无输出电压。

3. 分析过程及检修措施

(1)检查接线,紧固各连接端子接线,未见明显松动。

(2)直接给电磁阀供电,BDV 阀能够正常关闭,排除电磁阀故障。

(3)检查 DO 卡件发现,该输出通道的状态灯熄灭,判断卡件可能存在故障。对卡件断电复位后,故障现象仍无法排除,判断输出卡件 DO1746-OB16 故障。

(4)由于平台没有该卡件备件,导致系统无法短时间内恢复,临时协调其他平台寻找备件,最终跨作业区花费 3 天的时间将备件调至平台,更换后对 BDV 阀进行了测试,系统恢复正常。

4. 教训或建议

(1)加强备件的管理,优化备件的库存。

(2)对控制盘内的环境、温湿度控制要做好监控,降低卡件故障率。

案例 11 三甘醇加热炉 SDV-2619 无动作故障

设备型号:ASCO EF8551A1MMS

1. 故障现象

启动加热炉到主火燃烧阶段,主火 SDV-2619 阀无动作,启炉失败。三甘醇加热炉无法燃烧加热。

2. 故障原因

(1)驱动 SDV-2619 阀动作的电磁阀线圈内部短路,烧毁保险,造成程序进行到主火燃烧阶段无法打开 SDV-2619 阀,启炉失败。

(2)电磁阀及盘柜所在区域环境温度过高,电磁阀内部绝缘老化,内部线圈短路。

3. 分析过程及检修措施

(1)启动加热炉进行到主火燃烧阶段,SDV-2619 阀无法打开,检查线路上 F9 保险已烧毁。

(2)测试电磁阀线路阻值为 10 Ω,正常电磁阀线圈为 800 Ω,电磁阀内部短路造成保险烧毁。

(3)检查线路无接地情况,检查接线盒内接线良好,无松动及接地情况,判断线圈内部线路短路造成。

(4)更换备件后启动加热炉,电磁阀动作正常。

4. 教训或建议

(1)清理检查盘内无异物,确保控制盘密封良好、无水汽进入。

(2)维护保养时检查接线端子无松动及接地情况,确认盘柜周边螺栓紧固良好。

(3)由于加热炉附近区域温度较高,控制盘没有通风设备,容易造成元器件的老化,准备将盘柜更改为正压通风型,降低盘柜内部温度。

案例 12　低压压缩机 A 机天然气入口 SDV 阀意外关闭故障

设备型号:Ariel JGR/4-3

1. 故障现象

2011 年 6 月 22 日,低压压缩机 A 机天然气入口 SDV 阀意外关闭,导致低压压缩机 A 机故障停机。

2. 故障原因

(1)直接原因:控制 SDV 阀的电磁阀失电,导致 SDV 阀关闭。

(2)间接原因:电磁阀线路保险烧断,导致电磁阀失电。

3. 分析过程及检修措施

(1)发现低压压缩机 A 机故障停机,人员到达现场后进行检查发现,天然气入口 SDV 阀无法打开。

(2)经检查发现电磁阀无磁性,拆解接线盒后测量电磁阀正负极之间无电压,说明电磁阀回路为断路。

(3)检查电磁阀接线没有问题,且电磁阀线圈正常。

(4)打开控制盘,找到控制电磁阀供电的相应保险,进行更换,重新测试 SDV 阀,可以打开。

(5)判断故障原因可能是电磁阀长期带电工作,电磁阀线圈老化短路导致保险丝烧断。

(6)重新启动低压压缩机成功,故障排除。

4. 教训或建议

(1)加强对设备运行状态及运行环境的检查,电磁阀长期带电,容易发热高温烧毁。

(2)加强对阀门的动作试验,防止电磁阀阀芯由于污染物造成阀芯卡滞,使磁路间隙增大,导致电磁阀电流增大。

案例 13 中压压缩机 B 机入口 SDV 气源管线断裂故障

设备型号:WAUKESHA

1. 故障现象

中压压缩机 B 机入口压力低报警,造成压缩机 B 机故障停机。

2. 故障原因

(1)直接原因:压缩机 B 机入口压力低,造成压缩机停机。

(2)间接原因:压缩机 B 机入口 SDV 仪表气控制路中,减压阀至电磁阀管线螺纹连接处断裂,SDV 执行机构气缸失气使入口 SDV 关闭,致使压缩机入口压力低,造成压缩机故障停机。

3. 主要检修过程及措施

(1)现场查看报警记录,发现关断原因为入口天然气压力低。

(2)仪表人员检查入口压力变送器及控制盘内接线,未发现异常,初步判断为现场流程原因造成入口天然气压力低。

(3)检查流程时发现入口 SDV 仪表气控制回路减压阀至电磁阀管线螺纹连接处断裂。

(4)仪表人员马上关闭仪表气入口截止阀,取出断裂螺纹,并配置 3/8 英寸仪表管线进行连接。打开仪表气入口截止阀,进行功能测试,结果一切正常。

4. 教训或建议

(1)经检查,此次中压压缩机入口关断阀气源管线断裂处使用的不是仪表管线,此管线材质较脆,在高振动的复杂环境中易发生断裂。同时,仪表气的减压阀没有进行固定,仅由仪表管支撑,加剧了整条气源管线的振动。仪表人员须将其他中压压缩机类似的管线更换为仪表管,并将仪表气减压阀固定,以减少振动引起的管线断裂故障。

(2)对于类似压缩机工作环境,振动较大,要加强日常巡检工作,做好仪表等附件的固定和支撑,发现隐患立即整改。

(3)设备初始投运时,要加强对设备的验收,对于不符合规范、存在潜在隐患的部件要及时整改。

案例 14 中压压缩机 B 机入口和出口 SDV 无法完全关闭故障

设备名称:中压压缩机 B 机 SDV 设备型号:WAUKESHA

1. 故障现象

2012 年 9 月 2 日,天然气处理系统停产检修,中压压缩机入口 SDV 无法关闭,造成停机后天然气仍然进入压缩机。

2. 故障原因

(1)直接原因:SDV 执行机构被螺栓卡住,无法动作。

(2)间接原因:手轮顶部垫片损坏,推动活塞的部件脱落,脱落的部件顶在活塞前部使活塞无法动作到位,造成阀门无法完全关闭。

3. 分析过程及检修措施

(1)等待中压压缩机 B 机停机后 SDV 关闭,现场观察发现 SDV 阀位指示器在介于 OPEN 和 CLOSE 之间,说明 SDV 未能关闭。

(2)将气源切断,转动手轮发现手轮和连通杆脱落,手轮失效,判断执行机构有问题。

(3)拆卸执行机构盖板螺栓,当螺栓松开一定程度后,气缸发出一声闷响,SDV 自动关闭。

(4)将盖板取下,发现手轮顶部推动活塞的部分已经脱落,并且固定螺栓的垫片已经损坏。

(5)更换垫片后重新将连接件与连通杆安装好,重新安装手轮、连通杆、盖板,并对相应部位涂抹黄油,检修完毕,系统恢复正常。

4. 教训或建议

(1)设备维护保养时不仅要做好除锈和防腐润滑工作,还要更好地做好螺栓的紧固。

(2)在条件允许的情况下,认真做好阀门的动作试验。

案例 15 某平台液压蝶阀意外关断故障

1. 故障现象

2007 年 7 月 3 日 15:49,C 平台发生关断,随即发现 C 平台至中心平台的海管压力出现高高报警 2302 kPa,引发全矿的生产关断。

2. 故障原因

2 号、4 号油舱一路进舱阀门 CTV52 故障,处在检修隔离状态,全部生产介质通过唯一正在投用的液压蝶阀 CTV53 进舱,该阀门的意外关闭造成了全矿的生产关断。

3. 分析过程及检修措施

该液压蝶阀依靠一个双控两位四通的电磁阀换向,使得液压油进入蝶阀的 A 缸或 B 缸,实现蝶阀的开启或关闭,如图 4-6 所示。打开液压蝶阀 CTV53。在中控船系 DeltaV 系统中,选择此阀,然后选择"OPEN"命令。指令发给 A 甲板蝶阀遥控液压间的 PLC,CTV53 的 B 口电磁阀得电(仅仅 2~3 s),电磁阀换向(然后 B 口电磁阀失电),液压油流入蝶阀的 B 口,蝶阀打开。也就是说,电磁阀平时都是失电状态,并且保持阀位不变,只有另一侧得电后,电磁阀才开始换向。只有在这个前提下,现场的液压蝶阀才会动作。

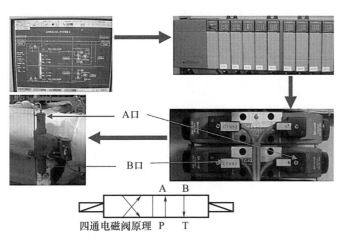

图 4-6　液压蝶阀控制原理图

(1)检查中控和液压间,没有任何异常,而且液压遥控蝶阀没有逻辑触发自动开启关闭功能,且平时电磁阀在失电状态,排除线路故障,排除系统误动作的可能。

(2)当时 WHPC 平台发生了生产关断,但是 ABB 控制系统和 DeltaV 控制系统之间是否存在这种关断连锁尚不清楚。

(3)油压高报后,观察中控船体 DCS 画面,CTV53 阀整体都为绿色状态(表示关的状态)。按照 DCS 设计的逻辑,画面中的阀位指示分为两部分,上半部分绿色表示DCS 发出了关阀的命令,下半部分绿色表示 DCS 收到阀关的反馈。由此也认为,CTV53 的关闭应该是由中控发出动作指令造成的阀关闭。

(4)检查 ABB 控制程序后发现,确实存在当 C 平台发生关断时,关闭该液压控制蝶阀的逻辑,但之前资料上并未显示。

(5)修改 ABB 控制程序,并重新下载,测试阀门功能和关断逻辑正常。

4. 教训或建议

(1)资料的及时更新作为设备管理的基础工作必须加强,由于平台运行过程中经常出现对控制系统的升级和改造,加强技术资料的实时更新是关键。

(2)相关技术人员加大对设备的认知程度,尤其对于控制系统的程序部分。

(3)利用停产机会,做好程序的校对和试验工作。

案例 16　某平台 SDV-2402 漏油故障

1. 故障现象

2009 年 9 月 5 日,SDV-2402 执行机构液压油泄漏,开启井口控制盘的 SDV-2402 供油开关后,SDV-2402 随之开启,但是在打开过程中伴有"哐哐"的杂音。且液压油开始从执行机构的排气孔缓慢流出,关闭 SDV-2402 后也有漏油现象。

2. 故障原因

(1)执行机构油缸膜片损坏,导致密封不严,油缸中的液压油串入弹簧腔室,通过弹簧腔室的呼吸孔流出。同时又因为油缸膜片的损坏问题,致使膜片上下运动不畅,产生杂音。

(2)有异物卡住关断阀阀芯,使阀芯运动不畅,产生杂音。

(3)阀体内油路破裂,使液压油串入弹簧腔室,导致液压油流出。

3. 分析过程及检修措施

(1)拆卸 SDV 步骤

① 确定 SDV 的供油管线已经切断,即 SDV 处于关闭状态,并将液压油管线从 SDV 上拆卸下来,用丝堵将油缸及供油管线封死。

② 确定 SDV 的状态信号端子,从中控断开信号回路,拧开 SDV 上的信号接线盒,摘除信号线,使信号线与 SDV 脱离,将脱离开的信号线用胶布包好避免受潮。

③ 用卡环将钢丝绳连接在 SDV 的吊耳上,并用手拉葫芦将 SDV 在竖直方向固定住。

④ 用套筒旋开执行机构与阀体之间的连接螺栓(共 6 个)。

⑤ 逆时针旋转执行机构,同时注意将吊带上的劲卸掉,以免对旋转执行机构造成阻力。

⑥ 将执行机构从阀杆上脱离开来后,用手拉葫芦将其吊起,并用吊车将其吊至

开敞处,至此拆卸工作进行完毕。

(2)安装步骤

① 将新执行机构吊至待安装处,并用手拉葫芦吊至阀门正上方,固定住。

② 将执行机构缓慢放下,使阀杆垂直于执行机构的联轴器,顺时针旋转执行机构数圈,使执行机构与阀杆有效连接。

③ 用手拉葫芦将执行机构连同阀杆、阀芯一起提起,直至阀芯达到上限位。

④ 此时,将阀杆旋出,测量外露的阀杆总长 H,并用 H 减去原 SDV 行程长度 h(旧阀换下前测量外露阀杆在阀门全开到全关状态下的位移而得),得到 Δh(亦可得出相应的螺纹数 n)。

⑤ 因为新出厂的 SDV 执行机构处于关闭状态,所以此时顺时针旋转执行机构 n 圈。

⑥ 将阀芯落位于阀座,并紧固 6 颗连接螺栓。

⑦ 将供油线路接入液压油缸,开启井口盘上的给油阀,向 SDV-2402 供油。

⑧ 检查阀门的动作状态,开启时观察 SDV 下游的压力,关闭时观察上游的压力,并调节两阀门状态指示器的位置,使其与阀杆的实际动作位置对应。

⑨ 连接现场接线盒状态指示信号线、中控信号线,动作阀门,观察中控画面指示状态,至此安装过程完毕。

4. 教训或建议

(1)初步判断故障原因为执行机构液压缸密封失效,造成液压油从排气口渗出。

(2)查阅资料,及时解体维修,注意日后维护保养。加强巡检,发现异常及时汇报和采取措施。

案例 17 燃气压缩机 A 机放空阀无法打开故障

设备名称:天然气压缩机 A 机 设备型号:RAM52

1. 故障现象

2010 年 1 月 5 日,天然气压缩机 A 机停机后,放空阀 BDV-2110 无法打开。

2. 故障原因

球阀卡死,执行机构弹簧力无法驱动球阀打开。

3. 分析过程及检修措施

(1)现场检查:放空阀处于关闭状态,此时检查供气压力为 0.4 MPa,正常。

(2)打开电磁阀压盖,检查供电电源,无 DC 24 V 供电电源,说明 PLC 已输出关阀指令。

（3）拆卸电磁阀仪表气出口管线卡套，无仪表气输出。

（4）对气动执行机构和阀体进行拆卸，拆卸后执行机构动作复位，至此说明阀体卡滞造成放空阀无法打开。

（5）松开球阀阀座固定盘根的压盖螺栓，对阀杆进行除锈润滑并来回开关阀门，直至阀门开关自如。

（6）对阀门气动执行机构进行回装，在控制盘上进行手动开关阀门试验，开关动作正常。

4. 教训或建议

在条件允许的情况下，如备用机组在停用的条件下，要及时对设备进行功能测试，对阀门进行开关动作试验、端子紧固等，预防此类事故的再次发生。

第五章

主机、锅炉及附属设备故障案例

第一节　索拉透平发电机组故障案例

案例 1　索拉燃油分配器故障

设备名称：透平 A 机　　设备型号：TAURUS 70

1. 故障现象

燃气模式运行时，燃油分配器有过热痕迹。4 号、5 号喷嘴支管根部有焦黑现象。

2. 故障原因

燃油分配器 5 号支管根部已开焊漏油，分配器内部有较多积炭。

3. 分析过程及检修措施

(1)检查 4 号、5 号喷嘴未发现异常。

(2)拆卸分配器检查，发现其中有较多积炭，已影响正常柴油流动，对其进行清理。

(3)回装后启机试车，在燃油模式下燃油分配器有柴油渗出，发现 5 号支管根部有柴油流出。拆卸分配器检查，发现 5 号支管根部已开焊，无法继续使用。

(4)更换新柴油分配器。

4. 教训或建议

(1)日常对机组的运行要加密观察，除了对远传数据的检查记录外，还要加强对现场撬内情况的巡检。

(2)加强人员培训及自学能力的培养，熟练掌握机组运行特性。

案例 2 索拉透平启动超时故障

设备名称:透平 A 机   设备型号:TAURUS 70

1. 故障现象

透平启动时报加速失败,启动失败。

2. 故障原因

加速时间过长,造成启动超时,PLC 程序参数设定不合理。

3. 分析过程及检修措施

(1)检查放气阀开度约为 45°,可调导叶片角度约为 −50°,属于正常范围。

(2)调节爬坡曲线的参数 KF_Gas_Start_Rmp_Rt. Val,由 0. 17 调至 0. 21。

(3)燃气模式启停两次,运转正常。

4. 教训或建议

加强人员培训及自学能力的培养,熟练掌握机组运行特性。

案例 3 索拉透平主燃料阀故障

设备名称:透平 C 机   设备型号:TAURUS 60

1. 故障现象

2008 年 11 月 18 日,索拉透平因"FL_BACKUP_OVERSPEED(BACKUP_OVER-SPEED)"故障报警,产生关断停机,当重新启动透平时发生以下报警信息,且不能复位,造成透平不能启动:

(1)AL_EGF388_FB_FAIL(Main gas fuel valve position Transmitter failure)。

(2)AL_EGF388_OVERTEMP(Main gas fuel valve actuator overtemperature)。

(3)AL_GAS_FUEL_MAIN_VIV_POS_FAIL(Main gas fuel valve position failure)。

(4)AL_GAS_FUEL_TRACK_CK_FAIL(Main gas fuel valve tracking check failure)。

(5)AL_EGF388_FAULT(Main gas fuel valve actuator fault)。

2. 故障原因

(1)I/O 卡件故障。

(2)主燃料调节阀动力电源故障。

(3)主燃料调节阀 EGF388 卡住。

(4)主燃料调节阀 EGF388 执行器电机故障。

(5)主燃料调节阀 EGF388 执行器控制电路板故障。

3. 分析过程及检修措施

(1)检查透平控制盘内 I/O 卡件(ZF2071、ZF2072、ZF2060、ZF2063、ZF2064),无故障报警,进而可以排除卡件故障。

(2)检查透平控制盘内主燃料调节阀 EGF388 电源输出端,测量无 DC 120 V 电压,测量输出保险,发现保险烧毁,更换保险后,发现送电后保险又烧毁,判断直接故障点不是保险烧毁造成的。将现场透平撬内主燃料阀电源接线箱打开,断开 120 V 电压与透平控制盘相连电缆,断开透平控制盘内 120 V 电源输出端电缆,对电缆进行绝缘打压测试,经测试电缆绝缘正常,无接地现象。排除电缆绝缘故障。

(3)拆下主燃料调节阀,转动阀杆,阀门能够轻松开启及关闭,排除阀门卡住故障。

(4)检查主燃料调节阀 120 V 电机线圈,无明显烧毁现象,无异味,且电机转动灵活无发卡现象,测量线圈电阻,RT 端为 0.6 Ω,ST 端为 0.6 Ω,RS 端为 0.6 Ω。经过电气师确认,线圈阻值属于正常状态。排除电机故障。

(5)单独测量阀体电动执行机构内部 120 V 电缆接线柱间绝缘值,电阻为 0.3 Ω,接近短路。拆开主燃料阀执行机构接线箱,脱开电机线圈与接线箱内电路板连接,测量电路板 120 V 正负极输入端绝缘值,电阻值为 0.3 Ω,接近短路值。初步判断故障点应该在电路板上,同时发现电路板上 120 V 正负极接线端并联了一个 MDE 元件(TVS 保护二极管),塑料外壳裂开,拆下 MDE 元件后对其进行测量,发现阻值为 0.3 Ω,接近短路值。同时测量无 MDE 元件后 120 V 正负极接线端,阻值达到 10 MΩ,无短路现象。由此判断 MDE 元件已经处于故障状态,导致主燃料调节阀 120 V 正负极短路,烧毁透平控制盘 120 V 输出保险。最终使主燃料调节阀 EGF388 处于故障状态,无法复位。

(6)采购同型号的 TVS 保护二极管后,进行焊接更换,但启动透平时,又再次发生 TVS 管击穿的现象。说明在透平启动过程中,进行阀检测试燃料阀时,发生了过电压导致 TVS 管击穿。

(7)经过系统的观察发现,燃料阀的电源为 120 V,直接取自透平充电机出口,与电瓶组并联,而此时电瓶组浮充电压仅为 125 V,电流为 4.5 A,正常电压浮充为 135 V,也就是说,电池存在严重亏电的情况。此时启动透平,在程序进行阀检时,燃料阀驱动机构的直流电机突然动作,会造成直流电源系统瞬间的低压,则充电机会相应地瞬间提高充电电压,导致燃料阀 TVS 管击穿。另外,多次的重复启动对 TVS 管造成多次高电压冲击,也加速了 TVS 管的老化。

(8)对充电机进行断电复位,调整充电机的充电电压至 135 V。充电 12 h 后,电压上升至 135 V,浮充电流 3 A,已经基本达到正常状态。

(9)再次启动透平,透平启动成功。

4. 教训或建议

(1)加强对设备的学习,掌握知识的系统性,遇到问题要有系统思维,全面考虑故障的原因。

(2)对电瓶亏电的状态没有及时发现,造成此次故障,进一步细化透平的日常检查项目。

(3)进一步完善透平的启动检查操作程序。

案例 4　索拉透平点火失败故障

设备名称:透平 A 机　设备型号:TAURUS 70

1. 故障现象

透平 A 机启动试运转,启动时点火失败关断,改用燃油模式启动时依然报点火失败。

2. 故障原因

点火系统节流孔脏堵。

3. 分析过程及检修措施

(1)第一次点火失败后检查火花塞,发现火花塞头部有油污和水迹,清洁擦干后回装,启机测试,依然点火失败。

(2)更换新火花塞,再次启动,故障依旧。

(3)检查点火电路,火花塞能够正常打火,点火气路电磁阀动作均正常。

(4)拆卸火焰筒检查,发现火焰筒下部有油泥,且燃油喷嘴下部节流孔堵塞,清洗火焰筒,更换节流孔部件后燃气启动一次成功,故障消除。

4. 教训或建议

(1)改善燃料品质,定期对燃料回路进行拆检清洁维护。

(2)完善维护保养制度,加强人员的认识水平。

案例 5　索拉透平 T5 探头故障

设备名称:透平 A 机　设备型号:TAURUS 70

1. 故障现象

透平运行时出现 9 号 T5 探头故障,同时主轴涡轮端轴承振动检测值略有增大

（振动探头的报警值为 76.2 μm，关断值为 101.6 μm）。透平振动值比较如表 5-1、表 5-2、表 5-3 所示。

表 5-1　正常运行振动值

GP B1		GP B2		GP B3	
X1	Y1	X2	Y2	X3	Y3
15 μm	13 μm	13 μm	8 μm	16 μm	16 μm

表 5-2　T5 报警后振动值

GP B1		GP B2		GP B3	
X1	Y1	X2	Y2	X3	Y3
18 μm	17 μm	26 μm	14 μm	42 μm	39 μm

表 5-3　停机前振动值

GP B1		GP B2		GP B3	
X1	Y1	X2	Y2	X3	Y3
18 μm	16 μm	27 μm	15 μm	42 μm	40 μm

2. 故障原因

T5 探头损坏导致动力涡轮叶片损伤，引发透平机组停机。

3. 分析过程及检修措施

（1）现场检查确认无其他异常情况，振动数值没有继续增大的趋势。观察 3 h 运转无异常，决定停机对 T5 探头进行检查更换。

（2）拆除故障的 9 号 T5 探头发现，探头损坏严重（图 5-1）。正常的探头如图 5-2 所示，对其他 T5 探头进行检查，发现 2 号也有轻微损伤。

9号探头故障照片

图 5-1　损坏的 9 号 T5 探头

图 5-2　正常的 T5 探头

（3）根据 T5 探头损坏的情况，决定对涡轮端叶片进行内窥检查。检查发现涡轮第二级叶片有一个发生损坏，一个叶片从靠近根部的位置裂开，大约 3 个叶片端部出现撞击变形（图 5-3）。涡轮的第一级、第三级叶片未发现损坏（因现场条件所限，第一、三级叶片是否有损坏，需做进一步的检查）。

图 5-3　叶片

（4）由于目前故障未得到解决，平台决定暂停透平 A 机的使用，对启动马达进行隔离锁定，等待进一步的检查。

4. 教训或建议

（1）做好备件的管理，对于关键设备的关键部件要做到科学合理。

（2）进一步优化公司推行的备件共享制度，能够极大地节约资源。

（3）强化日常巡检和关注关键参数。

案例 6　索拉透平滑油泄漏故障

设备名称：透平 A 机　设备型号：TAURUS 70

1. 故障现象

2010 年 4 月 6 日，启机运转时报警（滑油箱液位低低）停机，打开机组撬门发现撬块底部有大量滑油。

2. 故障原因

滑油滤器排放手阀误打开,机组滑油泄漏至排放管线后回流至撬块内。

3. 分析过程及检修措施

(1)由于停机后机组后润滑油泵没有停泵,滑油箱液位在下降,用气泵将机组泄漏的滑油排出。

(2)手动停后润滑油泵,经过观察滑油箱液位不再下降。

(3)用气泵将泄漏在底座的滑油全部排出,检查机撬内滑油管线外观,没有泄漏现象。

(4)经过检查发现,VH902-8 手动阀门处于半开状态,造成滑油泄漏到开排管线,回流到机组撬块。

(5)补加滑油 1000 L。

(6)手动启动后备润滑油泵,没有发现泄漏现象。

(7)电动盘车正常,启机运转正常。

4. 教训或建议

(1)在机组的启动和停机前后,要严格按照操作程序对控制系统及现场撬块进行检查,有异常情况立即处理,避免事故扩大。

(2)加强对员工责任意识的培养,实行责任到人,是有效途径之一。

案例 7　索拉透平 C 机罩壳通风风机故障导致透平关停

设备名称:透平 C 机　设备型号:Solar/Centaur 50

1. 故障现象

故障现象:透平 C 机停机,导致平台发生失电关断。

2. 故障原因

(1)直接原因:透平机撬通风风扇 1、2 启动失败。

(2)间接原因:BOP-F&G 控制柜卡件 DO880-7 发生故障。此 DO 卡件没有配备冗余卡件,导致透平辅机盘停电。

3. 分析过程及检修措施

(1)读取 BOP 上位机故障报警,发现在 06:08:02 时系统发出 BOP_ESD_ACB1、BOP_ESD_ACB2 等 11 条报警信息(图 5-4)。

(2)经确认,11 条报警均属于同一块 DO 卡件 DO880-7,对卡件状态进行检查,发现卡件处于故障报警状态。

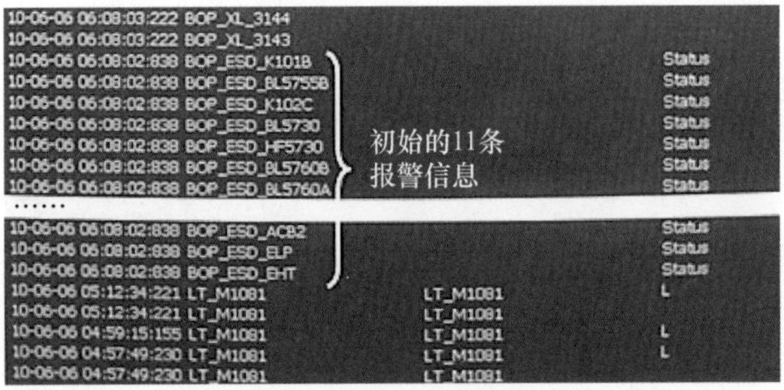

图 5-4　报警信息

（3）对卡件进行复位后，卡件状态恢复正常（图 5-5）。

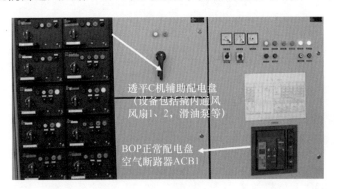

图 5-5　卡件状态

（4）由于 ACB1 为 BOP 正常配电盘总的空气断路器，当中控发出跳闸动作信号时 ACB1 断开，导致所辖配电盘断电。透平 C 机的辅助配电盘就受辖于 ACB1，致使包括透平 C 机撬内通风风扇 1 和 2 在内的透平辅助设备断电（图 5-6）。

图 5-6　配电盘

（5）撬块通风风扇停止工作一段时间后，由于空气流通性差，导致撬内压差低报警（TPD396_2_L、TPD396_2_LL）。按照系统逻辑，透平尝试启动撬内通风风扇 1，由于电源已经切断,致使风扇启动失败,透平又尝试启动撬内通风风扇2,启动同样失败,而撬内通风风扇1、2同时启动失败在逻辑上是导致透平"快速停机"的一个原因,致使透平停机,平台失电,发生2C级关断(图5-7)。

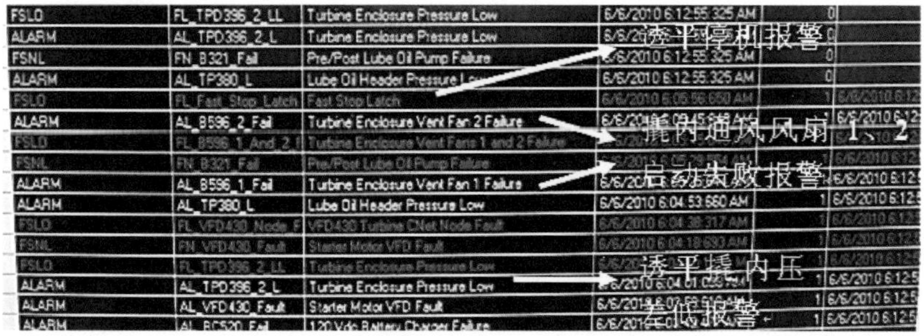

图 5-7　报警信息

4. 教训或建议

(1)严格执行巡检制度,对仪表运行状态进行日常检查,状态不正常及时进行处理。

(2)考虑对关键的 DO 卡件进行改造,配备冗余卡件。

(3)加强对备件的管理,做好采购计划,保障安全库存。

案例 8　索拉透平 A 机滑油液位变送器故障

设备名称:透平 A 机　设备型号:T70

1. 故障现象

燃气模式下启机,在机组点火加速时,LP388 突然出现"fail"报警停机。

2. 故障原因

液位变送器信号电缆被压坏,导致信号故障。

3. 分析过程及检修措施

(1)现场打开变送器盒盖,检查接线,接线非常紧固。

(2)检查电子元件,各插件安装牢固,显示液位百分数正常。

(3)检查 MCC(电气间)控制柜模块端子,Z2085 的 V37、02 接线,检查结果为接线牢固。

(4)检查现场接线箱、中间接线端子 TS303 的 25、26 端子,检查结果正常。

(5)对整个线缆进行校线,发现由中间接线箱到现场表头部分线缆的绝缘值异常。发现撬内线缆槽压住线缆,重新修复破损电缆信号恢复正常。启机成功。

4. 教训或建议

(1)日常的检查要严格、细致认真,线缆桥架等要做好固定。

(2)升级相应的日常检查维护制度,把维护检查做精做细。

案例 9　索拉透平 A 机 2 号 T5 探头温度异常故障

设备名称:透平 A 机　设备型号:T70

1. 故障现象

透平 A 机燃气模式启机时 T5 探头显示正常,切换到燃油模式后,在 MCC 人机界面上观察探头显示温度正常,停机后 2 号探头温度变为-18 ℃,而其他 11 组探头显示值均正常。

2. 故障原因

2 号探头回路开路。

3. 分析过程及检修措施

(1)确认透平已经停机后,打开侧面机组机罩,待撬内温度降低后,方可进入展开工作。

(2)拆开接线箱,查看 2 号探头的接线是否松动,并用螺丝刀拧紧接线端,通过监控画面观察发现,2 号探头显示仍为-18 ℃,其余 11 组显示都保持为 80 ℃,分析可能为 2 号探头已烧毁。

(3)拆下 2 号探头接线,用万用表测量探头电阻,显示为 2.23 MΩ。由于该探头为 PT10 类型,在当前环境温度下其阻值应为 10 Ω 左右,由此可以判断 2 号探头已经损坏,造成回路开路,需进行更换。

(4)找到相同类型的探头,首先测量探头电阻阻值大小,确认正常后进行安装,安装时应注意接线不要反接或者接线不紧。

(5)接线完成后,合上接线箱盖,在监控画面上观察到探头温度显示正常,维修完成。

4. 教训或建议

(1)加强对设备的学习和认知程度,了解各种仪表设备的工作原理,对判断和排除故障是非常有利的。

(2)加强对关键设备备件的梳理和管理工作,保证合理库存,充分利用透平等大设备的物资共享。

案例 10　索拉透平 A 机 UV 探头故障

设备名称:透平 A 机　设备型号:T70

1. 故障现象

2012 年 12 月 14 日,索拉透平 A 机撬内 UV 探头故障报警,红灯闪烁,控制盘内 eagle 火气中心报警。

2. 故障原因

UV 探头内部模块故障,导致无法正常监测。

3. 分析过程及检修措施

(1)确认透平 A 机为停机状态,检查图纸,断开撬内火气系统的保险 F239。

(2)拆除故障的 UV 探头,安装新探头。

(3)新探头接线为 1、2、3 端子接 WE11 PRO-BLK WHT,4、5、6 端子接 WE11 PRO-RED GRN。

4. 教训或建议

加强备件的管理,进一步优化库存。

案例 11　索拉透平 A 机滑油压力低导致启动失败故障

设备名称:透平 A 机　设备型号:T70

1. 故障现象

透平 A 机盘车时,滑油总管压力约为 68 kPa,启动爬坡中,当 NGP(速度控制)从 20％到 30％时,滑油总管压力依然为 68 kPa,滑油压力低报警关停,启动 3 次故障均以同样报警失败。

2. 故障原因

预后润滑油泵出口压力低,压力控制泄压阀设定不合理,回流泄放到油箱的油量过大。主滑油泵在启机过程中未能及时建立压力。

3. 分析过程及检修措施

(1)在透平 slow-roll 状态时,滑油总管压力为 68 kPa,后备直流润滑油泵间歇启动,后备滑油泵启动后,滑油总管压力可以达到 150 kPa。后备滑油泵停运后,滑油总管压力重新降低为 68 kPa,甚至有时候为 65 kPa。此时,滑油双联滤器的压差为 35 kPa,滑油温度为 23 ℃。

(2)机组完全停止运行时,机组依然处于后润滑状态。检查滑油双联滤器前指针式压力表,显示压力约150 kPa,可以判断预后润滑油泵出口压力约150 kPa,该泵出问题的可能性不大。滑油总管压力约68 kPa,此时机组依然在后润滑状态。将滑油总管压力变送器更换为指针式压力表,控制盘复位后,滑油压力显示约70 kPa,和变送器指示基本一致,所以可以判定滑油总管压力变送器显示正常,滑油总管压力为真实数据。

(3)检查滑油流程,各阀阀位正常。检查预后滑油泵入口滤器,滤器比较清洁。

(4)对比透平A机之前启动过程中滑油总管压力数据记录发现,以前也存在类似问题,就是NGP在19.7%时,滑油压力也为68 kPa。但NGP从19.7%开始加速到27%时,滑油压力迅速上升到133 kPa,而该次启动爬坡后,滑油总管压力却没有变化。

(5)滑油总管压力低设定是这样的:

FUEL. NGP<20%,Header_Press_Lo_SD:8psi(55.16 kPa)。

FUEL. NGP>90%,Header_Press_Lo_SD:25psi(172.375 kPa)。

20%< FUEL. NGP<90%,Header_Press_Lo_SD:0.0055×(FUEL. NGP-20)×(FUEL. NGP-20)+8 psi。

(6)当滑油总管压力低于滑油总管压力低报警值10 psi(68.95 kPa)时,直流滑油泵就会启动。所以可以判断,在盘车及后润滑时,由于滑油总管压力低于68.95 kPa,所以直流滑油泵频繁间歇启动。在机组点火成功爬坡后,由于滑油总管压力依然基本在68 kPa,低于该NGP时的滑油压力低保护值,停机。

(7)对滑油系统放气后未见滑油总管压力变化。

(8)机组晚上再次尝试启动时,机组成功启动,滑油总管压力在NGP 20%后,压力迅速上升。

(9)当天洗车时的数据如表5-4所示。通过以上数据分析初步判断,预后滑油泵回流到滑油箱的流量过大,造成滑油总管压力低。

表5-4　洗车数据

时间	NGP/%	总管压力/kPa	备注
01/07/2013　10:59:00	19.7043	63.3124	洗车时
01/07/2013　16:05:09	19.7043	67.6217	点火爬坡
01/07/2013　16:05:19	23.4055	67.6217	点火爬坡
01/07/2013　16:05:30	28.4016	67.6217	点火爬坡
01/07/2013　16:05:40	33.3881	66.9587	点火爬坡
01/07/2013　16:05:49	36.0939	101.101	滑油压力LL启动终止,后备滑油泵启动
01/07/2013　16:05:59	27.8315	160.4357	滑油压力LL启动终止,后备滑油泵启动

续表

时间	NGP/%	总管压力/kPa	备注
01/07/2013　16：06：10	22.6324	149.8284	滑油压力 LL 启动终止,后备滑油泵启动
01/07/2013　16：06：19	18.4287	71.5994	滑油压力 LL 启动终止,后备滑油泵启动
01/07/2013　16：06：29	15.2493	148.171	滑油压力 LL 启动终止,后备滑油泵启动
01/07/2013　16：06：40	13.017	148.171	滑油压力 LL 启动终止,后备滑油泵启动
01/07/2013　16：06：50	11.0166	148.171	滑油压力 LL 启动终止,后备滑油泵启动
01/07/2013　16：06：59	9.3738	131.2656	滑油压力 LL 启动终止,后备滑油泵启动
01/07/2013　21：57：50	19.6946	84.5271	点火爬坡
01/07/2013　21：58：00	22.1782	91.8196	点火爬坡
01/07/2013　21：58：09	27.7735	133.9174	点火爬坡
01/07/2013　21：58：20	33.2238	183.3077	点火爬坡
01/07/2013　21：58：30	38.0750	232.6980	点火爬坡

(10)拆卸预后滑油泵泄压单向阀,目测正常,单向阀预紧弹簧没有问题。

(11)为减小预后滑油泵泄流量,在单向阀出口加装 20 mm 孔板。单向阀原来内径为 25 mm。

(12)手动启动预后滑油泵,总管压力为 88 kPa,滑油管线无泄漏,能够满足启机要求。

4. 教训及建议

(1)熟练掌握机组运行参数数据是进行故障案例判断的依据和捷径。

(2)继续加强对机组的认识和学习,熟练掌握 PLC 控制程序的解读。

案例 12　索拉透平 B 机 T5 探头温度异常故障

设备名称:燃气透平 B 机　设备型号:TITAN 130

1. 故障现象

2010 年 3 月 8 日 00:13,透平 B 机因单个 T5 温度探头超过 1700 ℉ 报警造成 B 机机组关断,负载全部转到 A 机。

2. 故障原因

(1)直接原因:控制盘显示报警代码为 FL-T5-TC-HIGH,从透平程序里面查得为单个 T5 温度探头大于或等于 1700 ℉ 时紧急停车。

(2)间接原因:3 号探头温度超过 1700 ℉,导致透平关停。

3. 分析过程及检修措施

(1)通过控制盘上历史曲线分析器查询机组关断时的 12 个 T5 温度历史曲线发

现,TC382_3(T5 温度的第 3 号探头)温度值从 670 ℉ 瞬间升高到 2615 ℉ 后迅速下降到 0 ℉。

(2)打开透平机罩内的 T5 探头接线箱,检查接线未见有松动情况。

(3)将 T5 温度 2 号与 3 号探头的信号线对调后,控制盘上 2 号探头温度显示 0 ℉,3 号探头显示 140 ℉,与其他探头显示基本一致。将 3 号探头的信号线直接短接后,控制盘 3 号探头温度显示与环境温度一致,由此判断 T5 探头冷端补偿线及控制盘内模块没有问题。

(4)测量 T5 温度 3 号探头的 2 个冷端补偿线的电阻值为 320 kΩ,判断该热电偶温度探头故障。

(5)对故障的 T5 探头拆卸更换,现在温度显示正常。

(6)对 2 号 T5 探头进行拆检,正常。

(7)用内窥镜对压气机部分、透平三级动力叶片进行检查,未发现异常。

4. 教训或建议

咨询厂家热电偶温度探头的常见故障及故障率,在透平机组停机维护保养中加强对 T5 探头的接线情况进行检查。

案例 13　索拉透平 B 机发电机励磁端高振动关断故障

设备名称:燃气透平 B 机　设备型号: TITAN 130

1. 故障现象

2010 年 3 月 10 日 02:35,透平 B 机因发电机振动探头 TY359X 和 TY359Y 振动高报警造成 B 机机组关断,负载全部转到 A 机。

2. 故障原因

控制盘显示报警代码为 FN-TV359X-HH 和 FN-TV359Y-HH,振动高报警引起机组关断。

3. 分析过程及检修措施

(1)通过控制盘透平 B 机关断时的 10 个振动探头历史曲线(图 5-8)发现,在此期间 TV359X、TV359Y(发电机励磁振动探头)振动值在 2 min 内逐渐从 13 上升至近 120,产生高振动报警,致使透平 B 机关停。

(2)查看图纸,确认振动探头连接线路。首先打开透平机罩外振动探头接线箱,检查接线未见松动情况。

(3)打开现场控制盘,查看接线端子,未见松动现象。

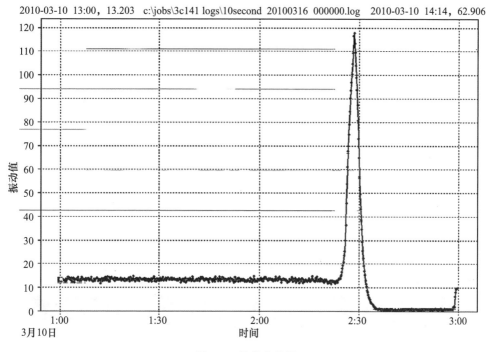

图 5-8　趋势曲线图

（4）返回 MCC（电气间），打开盘柜，查看接线盒模块，未发现松动和异常。

（5）测量振动探头电压值，均为正常（正常电压值为－11～11 V）。

（6）对振动探头所有接线点进行拆卸，重新安装。

4. 教训或建议

（1）咨询厂家，振动探头出现故障报警原因主要为接线松动、探头损坏、轴承振动真实值高产生报警，所以建议每次停机检修保养时对各接线端子进行紧固并测量。

（2）此次报警的根本原因未找到，今后加强该机组振动探头的检测。

案例 14　索拉透平 B 机 7 号 T5 探头热电偶断裂故障

设备名称：燃气透平 B 机　设备型号：TITAN 130

1. 故障现象

2010 年 10 月 27 日 07:17，透平 B 机因单个 T5 温度探头故障，显示温度值为－18 ℃，故障停机。

2. 故障原因

(1)直接原因:透平控制盘报警信息为 FL_T5_TC_High/AL_T5_TC_FAIL,探头高温故障停机。从透平程序里面查得为单个 T5 温度探头大于或等于 1700 ℉时,系统会紧急停车。

(2)间接原因:7 号探头故障损坏。查看历史曲线发现,7 号探头停机前温度瞬间升高到 2600 ℉。

3. 分析过程及检修措施

(1)检查 12 个 T5 探头温度值发现,TC382_7(T5 温度的第 7 号探头)目前温度值为 -18 ℃。打开透平机罩内的 T5 探头接线箱,检查接线,无松动情况。

(2)测量 T5 温度 7 号探头的 2 个冷端补偿线的电阻值为 2.3 MΩ,测试其他探头电阻值为 16 Ω,判断该热电偶探头故障。

(3)将故障的 T5 探头拆卸,发现热电偶的末端已经断裂(图 5-9)。

(4)更换新的 T5 探头并紧固接线后,重新启机,机组运转正常。

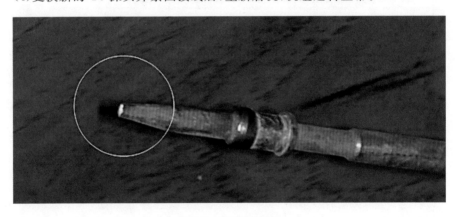

图 5-9 热电偶图片

4. 教训及建议

与工程项目组及索拉厂家发函确认,此次故障探头的批次号为 1065817-200。经查询,以往发生的 4 次透平 T5 探头故障停机均为此批次,而透平 A 机及 B 机均使用此批次探头,建议厂家为平台更换此批次探头,确保电网的稳定运行。

案例 15 索拉透平 A 机机罩压力受天气影响造成机组关断故障

设备名称:燃气透平 A 机　设备型号:TITAN 130

1. 故障现象

2010 年 5 月 28 日 15:53,透平 A 机因机罩压力变送器故障报警造成 A 机机组关断,负载全部转到 B 机。

2. 故障原因

(1)直接原因:控制盘先后显示报警信息为 TPD396-2 压力低,TPD396-2 故障,引发机组关停。

(2)间接原因:风雨天气造成撬块内外压差变送器的引压管线堵塞。此时平台正在下雨,刮 5 级南风,透平 A 机的机罩压力变送器的取压口正好朝南,雨水进入取压管,造成透平机组关断。

3. 分析过程及检修措施

(1)控制盘上报警显示,机罩压力变送器压力先后出现压力低、压力低低报警,最后是变送器故障。

(2)变送器故障报警有三种情况:一是压力变送器本身故障,二是接线松动,三是压力显示为负值。

(3)打开撬块检查,该压力变送器显示正常,无故障现象。检查该变送器的接线紧固,无松动现象。

(4)根据当时天气环境,结合报警趋势判断,因为雨水进入取压管后在防虫网处形成水膜,造成机罩压力变送器显示压力逐渐降低并变为负值。压力为负值时,系统判定为压力变送器故障,从而造成透平机组关断。

4. 教训或建议

(1)注意天气变化对差压变送器及开关的影响,避免大风或者雨水造成差压变送器或者差压开关的指示值不准造成机组误关断。

(2)适当改造引压管线的取压口朝向,加长管线,将开口朝向地面。

案例 16　索拉透平 B 机撬内火灾报警停机故障

设备名称:透平 B 机　设备型号:TITAN 130

1. 故障现象

2011 年 6 月 9 日 20:26,透平 B 机产生机撬火灾报警(Enclosure Fire Detected),机组快速停机(Fast Stop Latch)并于 2011 年 6 月 9 日 20:26:13 撬内 CO_2 释放(Enclosure Fire System Discharged)。

2. 故障原因

(1)直接原因:透平 B 机火气监控系统监测到火灾报警,火气监控系统触发机组关停逻辑造成 B 机快速关停,同时触发火灾消防逻辑造成 CO_2 释放。

(2)间接原因:透平尾气排气波纹管尾端 3 颗连接螺丢失,造成高温气体泄漏引发火气系统动作关停机组。

3. 分析过程及检修措施

(1)停机后,查看透平 B 机 PLC 控制系统报警语句及火气监控系统报警状态发现,2011 年 6 月 9 日 20:26:12,透平 B 机撬块火灾报警(Enclosure Fire Detected)、机组快速停机报警(Fast Stop Latch);2011 年 6 月 9 日 20:26:13,撬内 CO_2 释放报警(Enclosure Fire System Discharged)(图 5-10),火气监控系统的火灾报警指示灯亮。启动透平 A 机并带载并网发电,保障电网稳定供电,确保电网热备余量充足。

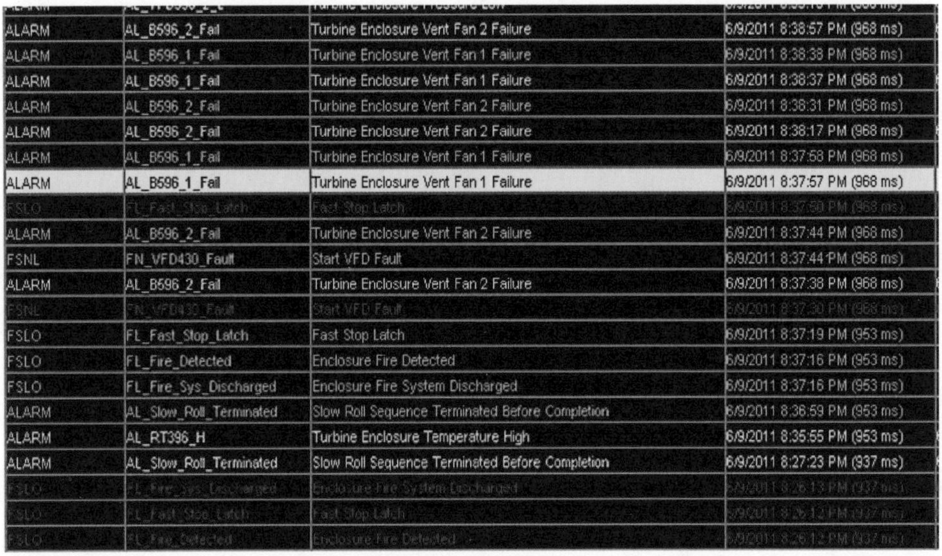

ALARM	AL_B596_2_Fail	Turbine Enclosure Vent Fan 2 Failure	6/9/2011 8:38:57 PM (968 ms)
ALARM	AL_B596_1_Fail	Turbine Enclosure Vent Fan 1 Failure	6/9/2011 8:38:38 PM (968 ms)
ALARM	AL_B596_1_Fail	Turbine Enclosure Vent Fan 1 Failure	6/9/2011 8:38:37 PM (968 ms)
ALARM	AL_B596_2_Fail	Turbine Enclosure Vent Fan 2 Failure	6/9/2011 8:38:31 PM (968 ms)
ALARM	AL_B596_2_Fail	Turbine Enclosure Vent Fan 2 Failure	6/9/2011 8:38:17 PM (968 ms)
ALARM	AL_B596_1_Fail	Turbine Enclosure Vent Fan 1 Failure	6/9/2011 8:37:58 PM (968 ms)
ALARM	AL_B596_1_Fail	Turbine Enclosure Vent Fan 1 Failure	6/9/2011 8:37:57 PM (968 ms)
FSLO	FL_Fast_Stop_Latch	Fast Stop Latch	6/9/2011 8:37:50 PM (968 ms)
ALARM	AL_B596_2_Fail	Turbine Enclosure Vent Fan 2 Failure	6/9/2011 8:37:44 PM (968 ms)
FSNL	FN_VFD430_Fault	Start VFD Fault	6/9/2011 8:37:44 PM (968 ms)
ALARM	AL_B596_2_Fail	Turbine Enclosure Vent Fan 2 Failure	6/9/2011 8:37:38 PM (968 ms)
FSNL	FN_VFD430_Fault	Start VFD Fault	6/9/2011 8:37:30 PM (968 ms)
FSLO	FL_Fast_Stop_Latch	Fast Stop Latch	6/9/2011 8:37:19 PM (953 ms)
FSLO	FL_Fire_Detected	Enclosure Fire Detected	6/9/2011 8:37:16 PM (953 ms)
FSLO	FL_Fire_Sys_Discharged	Enclosure Fire System Discharged	6/9/2011 8:37:16 PM (953 ms)
ALARM	AL_Slow_Roll_Terminated	Slow Roll Sequence Terminated Before Completion	6/9/2011 8:36:59 PM (953 ms)
ALARM	AL_RT396_H	Turbine Enclosure Temperature High	6/9/2011 8:35:55 PM (953 ms)
ALARM	AL_Slow_Roll_Terminated	Slow Roll Sequence Terminated Before Completion	6/9/2011 8:27:23 PM (937 ms)
FSLO	FL_Fire_sys_Discharged	Enclosure Fire System Discharged	6/9/2011 8:26:13 PM (937 ms)
FSLO	FL_Fast_Stop_Latch	Fast Stop Latch	6/9/2011 8:26:13 PM (937 ms)
FSLO	FL_Fire_Detected	Enclosure Fire Detected	6/9/2011 8:26:12 PM (937 ms)

图 5-10　报警信息

(2)现场检查透平机撬块,内部没有发现火情及着火痕迹,核对撬块内部温度变化趋势,20:26:12 透平 B 机停机前的撬内温度维持在 31 ℃,20:26:13 透平 B 机 CO_2 释放后撬内温度快速下降至 12 ℃,然后因撬块风机风闸关停机组热量又逐渐将撬内温度加热升至 80 ℃,待现场将 B 机风闸打开并启动风机后,撬内温度逐渐下降,如图 5-11 所示。

(3)现场发现透平 B 机排气波纹管尾端,撬块法兰连接处有 3 个紧固螺栓脱落,其他螺栓均无松动和脱落(图 5-12)。现场分析,在机组运转时,此处可能有高温热气泄漏引起火焰探头报警。

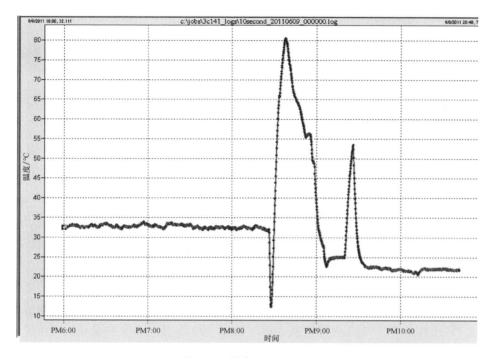

图 5-11　撬内温度曲线图

图 5-12　透平撬内图片

4. 教训或建议

(1)咨询厂家,进一步证实排气管泄漏尾气引起火灾探头报警的准确性。

（2）加强透平机组火气关停后,快速查找报警根源的能力锻炼,继续加强学习和锻炼。

（3）加强预防性维修工作的细致程度和深度,确保设备每一颗螺栓、每一个端子都是紧固且完好的。

案例 17　索拉透平 B 机后备保护速度探头线圈故障

设备名称:透平 B 机　设备型号:TITAN 130

1. 故障现象

2011 年 6 月 13 日 18:28,透平 B 机在 NGP 达到 100％运行一段时间后,报出 FL_Backup_Overspeed、FL_Bckup_speed_Probe_Fail、FL_Fast_Stop_Latch、FL_OSM_Tracking_Error 停机,后进行盘车工作,在 20％转速运转一段时间后再次报出 FL_OSM_tracking_Error,目前启动转速达 15％即再次报警停机。

2. 故障原因

（1）直接原因:后备保护速度探头故障报警,导致盘车出现速度探头故障报警。

（2）间接原因:后备保护速度探头线圈损坏开路,导致后备保护模块故障报警。

3. 分析过程及检修措施

（1）2011 年 6 月 14 日,对现场速度探头到 MCC 控制柜间的各接线箱进行检查,未发现有端子松动等异常情况。

（2）更换透平 B 机撬外 2 号接线箱的速度模块 ZM353,进行盘车,在 20％转速运转一段时间后,再次报出 FL_OSM_tracking_Error,检查 OSM_SPEED 历史数据为 0。

（3）拆卸 TSG383-1 号 coil 探头端子 TSG383-4、TSG383-5 并测试探头阻值为开路状态,2 号 coil 为 0.5 kΩ。

（4）征询索拉厂家意见后,将探头接至备用探头 2 号 coil 上,盘车测试,无报警,进行启机,恢复正常。

4. 教训或建议

加强对设备运行状态及运行环境的检查,做好备件的管理。

案例 18　索拉透平 B 机永磁机故障

设备名称:透平 B 机　设备型号:TITAN 130

1. 故障现象

2011 年 7 月 22 日 9:00,透平 B 机启机,在 NGP 达到 100％后,产生发电机永磁丢失(CN_Gen_PMG_Loss)报警后停机,此时没有产生励磁电压和电流,发电机未输出电能。

2. 故障原因

(1)直接原因:发电机永磁反馈回路(图 5-13 和图 5-14)中的继电器 K2120-3 一常开触点端子烧坏,导致检测不到永磁机电压。

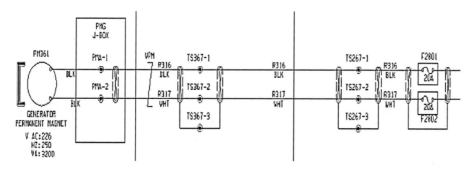

图 5-13　发电机永磁反馈回路一

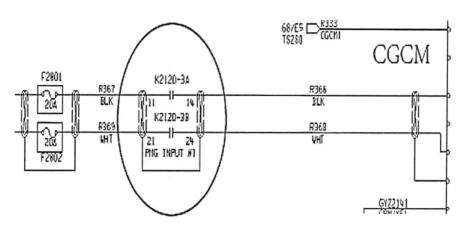

图 5-14　发电机永磁反馈回路二

(2)间接原因:继电器 K2120-3 及底座座本身存在质量问题。继电器与底座接触不良,在永磁机建立电压逐渐升高的过程中,接触器接触瞬间致使常开点端子烧坏。

3. 分析过程及检修措施

(1)报警停机后,停机状态下对控制回路中熔断器、继电器、接线及各接线端子进行检查,未发现异常,控制回路的屏蔽线接线良好,可排除干扰造成此报警。

(2)对发电机侧的励磁端开盖检查,未发现异常。

(3)对透平检查后试启机,同时对各点电压进行实时监测,在 NGP 从 20％～

100%变化过程中,永磁机电压反馈回路 R367 与 R369 线间电压从 48 V 逐步上涨至 200 V,而 CGCM 模块对应 PMG 电压信号输入端却始终为 0 V。因为只有继电器 K2120-3 动作,R367 与 R369 线间电压才能通过该继电器的常开触点反馈给发电机联合控制模块 CGCM。初步判断可能原因如下:

① 控制继电器 K2120-3 电磁线圈得电的 PLC I/O 输出模块对应的通道硬件问题,即该通道所在的 PLC I/O 卡件没有正常输出 24 V,致使继电器 K2120-3 不能得电闭合。

② 继电器 K2120-3 故障,线圈得电但不动作。

③ 继电器得电动作,但触点没有输出。

(4)连接一台工程师站,对发电机启动程序进行监控,判断永磁检测回路继电器上电条件,调出输入、输出点及程序关键中间点,将程序处于在线运行状态,同时继续进行回路各点电压状态的实时监测。

(5)在线监测机组启动程序,当 NGP 达到 80% 后,模块有输出,即输出模块对应 3 号通道指示灯亮,继电器 K2120-3 电磁线圈得电,继电器动作,但继电器常开触点没有输出。

(6)停机后对继电器及接线插槽底座进行拆卸,检查继电器 K2120-3 对应输出至 CGCM 模块,发现常开触点引脚有烧焦结炭痕迹,同时对底座进行拆检,发现常开触点对应的插槽金属有融化及结炭痕迹(图 5-15),判断为继电器常开触点故障。

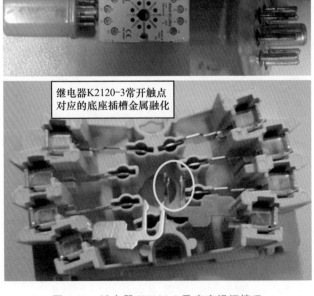

图 5-15　继电器 K2120-3 及底座损坏情况

(7)更换故障继电器及底座。

(8)启动透平 B 机,达到 100％NGP 后,带载运转正常。

4. 教训或建议

(1)加强对设备预防性维护检查,对类似继电器及底座全面检查,确保安装及接线紧固可靠。

(2)及时采办相应备件,条件具备时对相应继电器进行换型、改造。

案例 19　索拉透平 D 机进气可变导叶执行器 EGV339 超温故障

设备名称:透平 D 机　设备型号:TITAN 130

1. 故障现象

2011 年 7 月 23 日 06:47,透平 D 机在运行过程中报出 FN_EGV339_OverTemp、FN_Guide_Vane_Pos_Fail、FN_TV352Y_HH、FN_TV352Y_HH(可调导叶高温、位置错误)等报警(图 5-16)后停机,停机后各报警复位,同时生活楼有明显震感。

ALARM	AL_TV353X_H	Engine Bearing 3 X-Axis Radial Vibration High
ALARM	AL_TV353Y_H	Engine Bearing 3 Y-Axis Radial Vibration High
FSNL	FN_TV352X_HH	Engine Bearing 2 X-Axis Radial Vibration High
FSNL	FN_TV352Y_HH	Engine Bearing 2 Y-Axis Radial Vibration High
FSNL	FN_Guide_Vane_Pos_Fail	Guide Vane Actuator Position Failure
ALARM	AL_EGV339_FC_Fail	Guide Vane Actuator Force Transmitter Failure
STATUS	ST_CGCM1_Exc_Out_En	CGCM1 Excitation Output Enabled
STATUS	ST_Gen_AVR_Active	Generator Auto Voltage Regulation Control Active
STATUS	ST_L341_3_ON	Gas Fuel Vent Valve Energized
FSNL	FN_EGV339_OverTemp	Guide Vane Actuator Over Temperature

图 5-16　报警信息

2. 故障原因

(1)直接原因:进气可变导叶片执行器 EGV339 输出超温报警,触发机组关停,停机同时由于可调导叶失位,机组产生高振动。

(2)间接原因:执行器质量不合格或不适应现场工况,长时间持续运行后产生过热故障。

3. 分析过程及检修措施

(1)现场确认阀体温度并没有超出撬内温度,经确认内部可变导叶叶片没有损伤卡阻痕迹。

（2）对执行器温度检测元件到 MCC 控制柜间的各接线箱进行检查，未发现有端子松动等异常情况。

（3）针对振动报警，查询曲线推断停机瞬间确有高振动，对透平进行盘车，在 20％转速运转一段时间后再次报出直流滑油泵故障，现场确认直流滑油泵确实没有运行。对故障进行检查发现，直流滑油泵供电回路熔断器熔断，对其进行更换后再次进行盘车。

（4）检查执行器，对比处在备用停止状态的另一台透平，执行器连杆长度一致。

（5）咨询厂家意见后，用工程师站与 PLC 在线校验执行器 EGV339，开度在 0％～85％运行自如、准确。盘车测试，无此前各项报警，进行启机。

（6）24 日凌晨，D 机在试运行过程中再次出现 EGV339 超温报警。为保证设备的正常运行及可备用，对 EGV 进行更换。

（7）更换新的 EGV 并接线后，执行器连杆处于收缩状态，对 PLC 进行在线强制给 EGV 控制信号。此时执行器连杆伸出，长度为 146 mm（图 5-17），由于伸出过长，不能与可变导叶控制轴连接。

图 5-17　可变导叶

（8）通过强制给执行器开度命令，当开度达到 27.5％时，连杆长度为 118 mm，与换下的旧执行器开度为 0％时一致，将连杆与轴连接。考虑到如果恢复之前的强制命令，开度为 0％，连杆会伸长至 146 mm（经脱开测试确实如此），有损坏执行器及可变导叶连接轴的风险。

（9）经过多方查阅资料，并反复咨询厂家，对 D 机新执行器与旧执行器以及 C 机（停运中）执行器的连杆长度与可变导叶角度测试比对，发现给相同开度命令时，导叶开启角度仍有差异。

（10）将故障现象、检修过程、测试结果进行汇总后，发邮件与厂家联系。厂家给出回复：可变导叶轴自身有机械限位，此时阀杆伸出，经测量为 146 mm，与执行器厂家资料给出的可标定最大量程 5.9 英寸一致。与索拉工程师进行沟通后，厂家给出的建议是：将执行器装上，进行盘车，阀会自动寻找到合适的位置。

（11）在 840_GV_VARIABLE_ANGL_TEST 程序段中通过调整 Low Limit 值改变阀杆探出长度（图 5-18）。

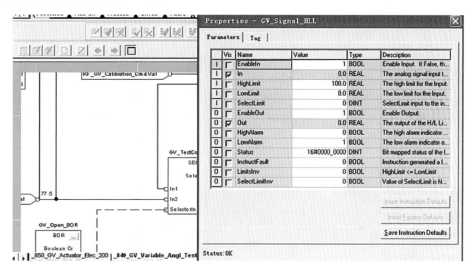

图 5-18　PLC 程序

（12）用工程师站与 PLC 在线，强制给执行器 27.5％的开度，将连杆与可变导叶轴进行连接。慢慢降低开度，同时密切关注力矩大小，当命令给到 22.5％时，执行器反馈开度为 23.8％，此后开度命令给到 10％、5％、0％时，控制盘上显示的反馈连杆位置与现场的连杆长度及可变导叶角度仍没有变化，力矩仍稳定在 1440 N·m 不再上涨。

（13）取消强制一瞬间，控制盘上执行器反馈的开度由 23.8％变为 0％。

（14）再次通过工程师站在线 PLC 对执行器开度进行比对，此时相同开度下连杆长度及可变导叶片角度的数据与 C 机基本一致。

（15）盘车测试，执行器的开度命令与反馈一致，力矩在正常范围。在现场及控制盘上检查无问题后，试启机，一切正常。

4. 教训或建议

(1)加强设备运行状态的实时监控,加强设备的预防性维护。

(2)查询确认 EGV339 库存及共享物资,保证安全库存。

案例 20　索拉透平 B 机部分 PLC 程序修改丢失故障

设备名称:透平 B 机　设备型号:TITAN 130

1. 故障现象

2012 年 3 月 13 日,在通过触摸屏对透平 B 机 EGV339 进行检测时发现,相关逻辑(透平启机、停机、盘车)对 EGV339 的保护程序发生丢失。没有这些逻辑,EGV339 在任何时候都能动作,可能会引起设备损坏。

2. 故障原因

(1)直接原因:怀疑在对 EGV339 做检测时,误操作将程序逻辑删除。

(2)间接原因:操作人员没有按照正规的操作规程进行逻辑修改和下载安装。程序下载前没有对所改部分进行核查。

3. 分析过程及检修措施

(1)对比透平 B 机之前备份 PLC 程序,发现相关梯形图中并没有图 5-19 中的 3 条语句。

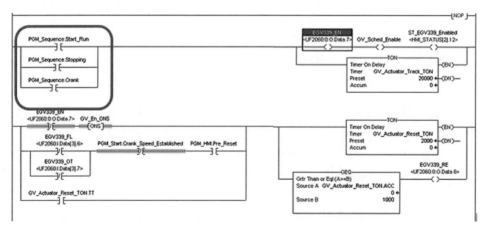

图 5-19　PLC 程序

(2)对比透平其他 3 台机组备份的 PLC 程序发现,相关逻辑中含有这 3 条语句。

(3)在询问厂家相关逻辑后,确定逻辑中必须有这 3 条语句。

(4)在线修改透平 B 机 PLC 程序,并安装逻辑程序。

(5)检查透平 HMI 触摸屏,TT4000 WEBVIEW 中各项参数及状态均已正常。

4. 教训或建议

每次逻辑下载安装前,采用 LOGIX 5000 中 coMPare tool,对修改程序和上次备份程序进行比较,确认修改正确后再对控制器进行逻辑下载安装。

案例 21　索拉透平 B 机室外火灾报警灯故障

设备名称:透平 B 机　设备型号:TITAN 130

1. 故障现象

2012 年 5 月 30 日,在对透平 B 机进行全面检测时发现,透平 B 机室外火灾报警灯无法工作,透平火灾盘上报开路故障。

2. 故障原因

(1)直接原因:报警灯内部进水,电路板烧毁。

(2)间接原因:报警灯外壳密封不严,未做好报警灯室外防雨工作。

3. 分析过程及检修措施

(1)查看报警记录为:室外火灾报警灯开路。

(2)对该火灾报警灯进行开盖检查发现,报警灯内部进水且电路板腐蚀损坏(图 5-20)。

图 5-20　电路板

(3)对原电路板进行清洁检查,测试其功能,确认功能损坏。

(4)现场更换备件,对其功能进行测试,发现报警状态变为短路,状态不正常。

(5)查询相关资料发现,3 号、4 号端子必须加装 10 kΩ 电阻,现场加装电阻后,报警消除。

4. 教训或建议

(1)对其他机组相关火灾报警灯进行检查,重新制作防水。

(2)加强对现场设备的维护保养和检查力度,定期对设备开盖检查其密封和接线情况。

(3)切实将设备的维护保养工作落实到位,维护保养制度的完善是一方面,但更重要的是在落实。

(4)进一步提高精细化管理,实行设备维护保养责任承包制,责任到人,提高员工对设备维护保养的责任心。

案例 22　索拉透平 B 机火灾报警停机故障

设备名称:CEP 平台透平 B 机　设备型号:TITAN 130

1. 故障现象

2011 年 6 月 8 日 17:47:12,透平 B 机产生撬块火灾报警(Enclosure Fire Detected),机组快速停机(Fast Stop Latch)。因为透平机组撬内 CO_2 释放已打到手动抑制,所以没有发生 CO_2 释放(值班人员第一时间检查确认,机组内没有起火和烟雾现象)。

2. 故障原因

直接原因:透平 B 机火气监控系统监测到火灾报警,火气监控系统触发机组关停逻辑造成 B 机快速关停。

间接原因:机组 21 个喷嘴出力不均,某些喷嘴之间存在热气循环现象(这种现象的专业术语为 crosstalk),使得个别喷嘴至对应的燃油管线上出现高温烧红的现象,引发火焰探头报警产生关断。

3. 分析过程及检修措施

(1)仪表师查看透平 B 机 PLC 控制系统报警语句及火气监控系统报警状态(图 5-21)发现,2012 年 6 月 8 日 17:47:31,透平 B 机撬块火灾报警(Enclosure Fire Detected)、机组快速停机报警(Fast Stop Latch)、机组火灾盘报警(Fire Alarm Z398-82)。

图 5-21　报警信息

（2）发电值班人员第一时间打开撬块检查，发现无明火、烟雾现象。操作人员立即启动透平 D 机并带载并网发电，保障电网稳定供电，确保电网热备余量充足（B 机关断后，C 机带载 8800 kW，T5 平均温度 612 ℃）。同时检查 B 机润滑状态，火灾报警后，触发后备交流泵自动启动，但持续时间不长。为了保证机组在突然停机后的充分冷却润滑，在火灾报警复位前，将交流泵打到手动状态。

（3）检查撬内排气波纹管尾端的撬块连接法兰紧固螺栓，均无脱落、松动现象，基本排除高温尾气泄漏的情况。

（4）仪表专业人员从报警条查出具体探头（Z398-82）位置为靠近透平 C 机 IR 探头（图 5-22）。

图 5-22　透平撬内火焰探头

（5）检查对应的探头接线无异常，并对 Z398-82 探头重新进行测试，功能正常。同时，对另一个探头 Z398-83 也进行了相应测试，均无异常。因没有相应的火灾盘软件，无法具体检测其探头功能。另外，查询本平台库存无相应备件，与其他油田联系，紧急协调船舶及时获得备件，并联系索拉工程师远程提供相应火气软件。

（6）用火灾盘控制软件对探头进行具体检查（Z398-82 探头的监测画面），并从中发现 2011 年 6 月 9 日 Z398-82 探头曾 2 次报警（时间为 05:09:27 和 19:09:44，最终引起关断时间是 19:09:44）（图 5-23）。

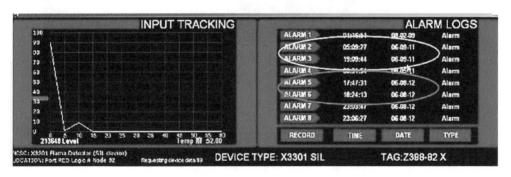

图 5-23　报警信息

(7)另外从 Z398-83 探头的监测画面来看,2011 年 6 月 9 日也曾多次出现报警(分别是 05:09:36、05:09:46、05:09:55),同时,Z398-82 探头进行了更换并结合监测画面的检查对比,基本可以排除不是火焰探头的误报警。

(8)排除探头误报警后,重新将怀疑对象锁定在机组内部其他原因,对撬内机组进行检查,发现燃油支管有烧黑的现象(图 5-24 和图 5-25)。

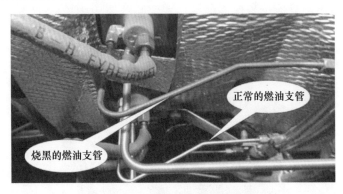

图 5-24　透平燃油管线一

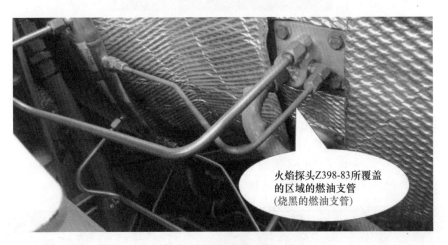

图 5-25　透平燃油管线二

(9)经过检查统计,在 21 根燃油管线中,共有 13 根燃油管线有烧黑现象,其中 3 个燃油支管节流孔板烧坏(图 5-26)。

(10)厂家初步判断分析,主要原因可能是 21 个喷嘴出力不均,某些喷嘴之间形成热气循环(这种现象的专业术语英文为 crosstalk),使得个别喷嘴至对应的燃油管线上出现高温烧红的现象,机组产生关断。渤海其他平台 T-70 机组也曾出现过同样的问题,厂家增加了相应的燃油管线吹扫系统(吹扫流程详见图 5-27),使问题得到了解决。

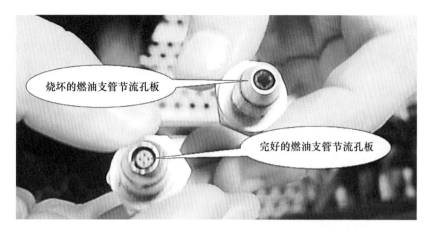

图 5-26 燃油支管节流孔板

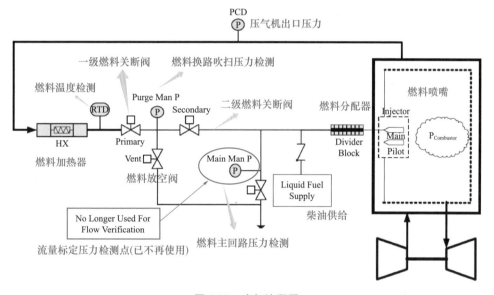

图 5-27 吹扫流程图

4. 教训或建议

(1)加强透平机组火气关停后快速查找报警根源的能力锻炼。

(2)加强预防性维修工作的细致程度和深度,学会从表面现象看本质。

(3)择机对燃料气系统进行改造,增加燃油管线吹扫系统。

案例 23 索拉透平 D 机防喘阀 EBV338 故障

设备名称:透平 D 机 设备型号:TITAN 130

1. 故障现象

2013年3月5日,透平D机启机过程中防喘阀EBV338产生阀位故障报警,导致启机失败。

2. 故障原因

(1)直接原因:防喘阀EBV338在启机过程中接收到开阀指令后未动作,产生阀位故障报警。

(2)间接原因:防喘阀EBV338内部驱动杆磨损严重,导致动作失灵。

3. 分析过程及检修措施

(1)从控制程序中对防喘阀EBV338进行阀位控制动作测试,阀未动作。

(2)检查控制信号,防喘阀的执行机构端能够测量到命令信号,所以排除控制信号的问题。

(3)将防喘阀的执行机构与阀体脱开,用手活动阀门,阀门能够轻松的活动,不存在卡滞现象。

(4)对执行机构的控制杆进行清洁,涂抹润滑油,再次从控制程序中进行阀位动作测试,分别给0%、20%、40%、60%、80%、100%的阀开度指令,执行机构控制杆能够动作,但控制阀杆在动作过程中均有明显的振动,无法达到稳定的静止状态,由此判断为执行机构本身存在故障。

(5)更换新的执行机构(图5-28),从程序中进行阀位控制动作试验,阀动作正常,启机顺利,防喘阀EBV338正常。

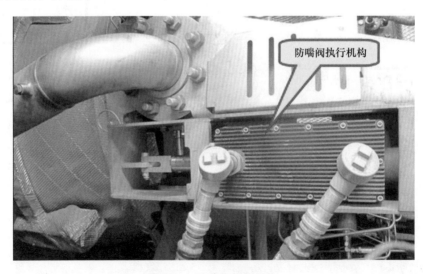

图 5-28　防喘阀执行机构

(6)检查旧的执行机构外部控制杆时,发现执行机构驱动杆上有明显的磨损(图 5-29)。

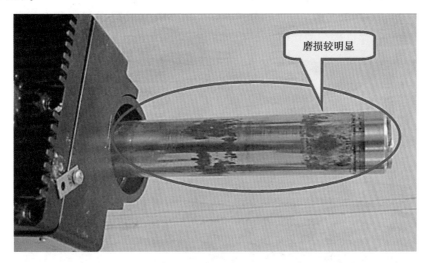

图 5-29　防喘阀执行机构驱动杆

(7)从执行机构与阀体的连接形式看,防喘阀开关动作时,执行机构与阀杆(图 5-30)的连接件做圆弧的往复运动,使执行机构驱动杆受到一个与驱动杆方向垂直的作用力,驱动杆伸缩与轴承产生相互摩擦,驱动杆润滑不好或表面有杂质时造成控制杆的磨损,增大了控制阀动作时的阻力,导致驱动杆的运动受阻无法动作。

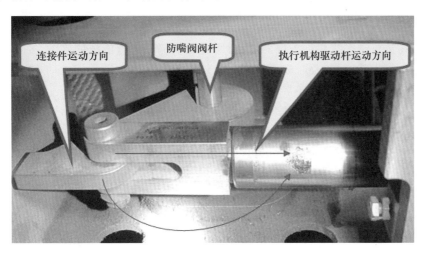

图 5-30　防喘阀阀杆

(8)对拆下的执行机构进行拆解,检查电路板,测量电气元件,未发现问题。检查执行机构腔室,发现内部有一个可旋转的螺杆,螺杆与外部驱动杆由螺纹连接,螺纹将螺杆的旋转运动转变为控制杆的直线运动,以此带动阀的开关。内部螺杆与外部驱动杆的螺纹之间由滚珠相连(图 5-31)。检查发现内部螺杆腔室内有细小铁屑,螺纹间的部分滚珠有磨损,由此判断因为滚珠的磨损造成螺杆与外部控制杆之间间隙变大,导致执行机构在动作时控制杆振动,无法稳定。

位于外部驱动杆与内部螺杆
结合螺纹处的滚珠

图 5-31 防喘阀外部驱动杆与内部螺杆结合处

4. 教训或建议

(1)在进行透平机组维护保养时,对所有运动部件进行清洁的同时,要涂抹黄油进行润滑,如发现磨损,及时进行打磨润滑处理。从程序中进行阀位动作测试,检查阀的动作是否存在卡阻等异常现象,如果动作异常,及时解决。

(2)保证此类备件的安全库存。

案例 24 索拉透平 C 机熄火停机故障

1. 故障现象

2006 年 2 月 14 日,由于需要启动透平 B 机,所以将透平 C 机由燃气运行切换为燃油运行。在燃料切换的过程中失败,报熄火故障(FLAME OUT)停机。

2. 故障原因

熄火保护开关的引压管线内部存在积液,在 PCD(压气机排气压力)有较大变化时,熄火保护开关压差被放大至动作值,导致透平关停。

3. 分析过程及检修措施

(1)检查熄火保护开关 S349 的信号接线,没有松动和异常。

(2)熄火保护开关 S349 的功能为检测透平压气机排气压力(PCD 压力)的变化速率。如果透平 PCD 压力变化较快(一般情况下都为 PCD 压力上升较快)则熄火保护开关动作,造成透平报 FLAME OUT 故障关停。

(3)停机后拆解连接熄火保护开关 S349 的取压管线并清洁吹扫,吹扫熄火保护开关前的限流孔板,发现内部有较多的积液。

(4)熄火保护开关的取压管线内积液或限流孔板内气体流动不畅都会造成熄火保护开关两边的差压增高,造成该开关动作。

4. 教训或建议

(1)在透平洗车等作业时,要做好辅助管线的防护措施,以防液体进入管线。

(2)透平机组运行一段时间后,定期拆解熄火保护开关的取压管线及限流孔板,做清洁吹扫保养。

案例 25　索拉透平 C 机轴向振动高报警故障

设备名称:透平 C 机　设备型号:Solar/Centaur 50

1. 故障现象

2012 年 12 月 11 日,透平 C 机报警 AL_TV351Z_H(压气机轴向位移高),检查轴向位移数值超过报警值 5 mils(0.127 mm),如不及时处理,轴向位移继续升高至 7.5 mils(0.1905 mm)会造成机组保护性关停,可能导致平台失电。

2. 故障原因

机组交换时轴向间隙电压零点错误,导致机组经过一段时间运行后,轴向位移逐渐升高,振动值增大。

3. 分析过程及检修措施

(1)透平 C 机报警后,现场检查确认报警信号为 AL_TV351Z_H,查看历史趋势有升高的现象。

(2)分析有以下造成此关停的原因:

① 仪表故障,振动探头、放大器、本特利振动监测系统信号输入卡件故障。

② 轴向位移振动确实有所增大。

③ 轴向位移间隙电压零点不准。

(3)与厂家联系咨询后,对轴向位移回路检测元件进行检查。通过对该回路元件逐个替换的方式进行排查,更换了 TV-351Z 轴向位移探头(使用备用探头),更换本特利信号放大模块及卡件,但是振动数值并无明显变化。

(4)在厂家的指导下,通过调整该探头的零点位移的基准电压,使振动值降低到正常范围,目前机组运行良好。

4. 教训或建议

(1)加强设备巡检。定期采集关键点数据,利用厂家提供的分析软件,进行变化趋势比对,发现异常及时采取措施。

(2)完善设备的维护保养制度。注意,索拉透平机组的历史数据需要定期进行备份,否则将会被覆盖,因此,此项工作必须作为一项制度得到落实。

第二节　RUSTON 透平故障案例

案例 26　RUSTON 透平启动失败故障

设备名称:燃气轮发电机组 G-801A　设备型号:英国 RUSTON TB 5000
控制器:AB logix 5000

1. 故障现象

2010 年 10 月,某海上采油平台的 RUSTON TB 5000 型透平发电机组在使用燃料气启动时,在点火成功后由于压气机加速失败而停机。

2. 故障原因

燃料气系统快速关断阀故障,处于常开状态,点火后燃料阀关断,机组无法启动。

3. 分析过程及检修措施

该机型为双轴双燃料型透平,压气机额定转速为 10000 rpm,动力透平端额定转速为 7950 rpm,该机型的启动过程如下:启动开始→机组箱体通风、扫气 180 s→辅助润滑油泵开始预润滑→启动电机(1800 rpm)带动压气机盘车→在压气机转速达到 18% 后,机体内扫气 10 s,点火气进入火花塞开始点火→主燃料气进入,启动电机切换到 3600 rpm 运转→32 s 内压气机转速达到 48%→停启动电机→动力透平端转速达到 85%→停辅助润滑油泵→动力透平转速达到 95% 启动成功。

(1)故障原因分析

根据启动过程分析,启动加速失败停机是由于压气机转速在点火后 32 s 内未能加速到 48% 触发的。根据启动逻辑分析主要原因有两个:

① 启动电机由低速向高速切换失败。该启动电机在低速盘车时工作电流大约

在 60 A,而透平机点火成功后,在燃烧产生的推动力作用下会使启动电机的电流快速降低。当电流低于 38 A 时,启动电机通过变极调速电路就会由低速向高速进行切换,进而带动压气机继续加速。如果启动电机控制系统发生故障,在电流低于 38 A 时仍不能向高速进行切换,而透平机在没有启动电机辅助加速的情况下是不能在设定时间内加速到 48% 的。

　　② 启动电机由低速向高速跳转条件未达到。点火成功后主燃料气没有参与燃烧,不能提供足够的动力推动压气机加速,启动电机的电流无法降低到高低速跳转的设定值。

　　该机型的气体燃料系统如图 5-32 所示,主要组成部分有一级关断阀 SOL11、二级关断阀 SOL5、排空阀 SOL12、快速关断阀 Slam Shut Valve、主燃料控制阀、点火气关断阀 SOL1。

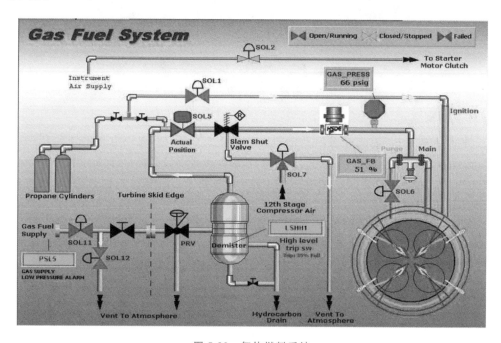

图 5-32　气体燃料系统

　　根据透平机启动状况显示,点火气工作正常,因此 SOL1 下游的 SOL11 和 SOL12 工作都正常。另外,二级关断阀 SOL5 和主燃料控制阀上装有位置反馈开关,在启动过程中 PLC 得到的该阀门位置反馈也是正常的,所以故障点很可能在快速关断阀上。

　　快速关断阀的结构见图 5-33,在透平机正常启动、运行和停机时,此阀的阀芯被阀体内部的磁铁吸附在上方,使阀门处于打开状态。但当机组要紧急停机时,压气机第 12 级出口的压缩空气 P12 经过 SOL7 作用于此阀内部的膜片上,膜片下移通过阀内的连杆机构将阀芯和磁铁分离,阀芯在自身重力的作用下摇摆下行将阀门关闭。可以通过调节阀体上方的调节螺栓,使该阀的最小关闭压力保持在 2 psi。

图 5-33　快速关断阀结构(左边为打开,右边为关闭)

(2)故障排除

根据上述分析,首先查看启动电机的启动电流记录,发现该电机的电流值一直保持在 38 A 以上。经现场查看发现,快速关断阀的阀位指针处于关闭状态。单独测试 SOL7,发现该电磁阀在通电后不工作,始终处于打开状态。因此得出,此次启机失败的原因是:由于快速关断阀的先导电磁阀(SOL7)在压气机盘车开始前不能关闭,而压气机在低速盘车时的 4 psi 左右工作压力,经过 SOL7 将快速关断阀关闭,导致点火成功后主燃料气不能及时进入燃烧室参与燃烧,不能提供足够的动力,启动电机不满足由低速向高速跳转的条件,最终造成机组启动失败。更换了 SOL7 后,再次启机,取得成功。

4. 教训或建议

(1)透平机组的启动是一个复杂的连锁过程,每一个步骤都有起止时间和条件限制。对于出现的问题,一定要清晰机组正常运行的所有控制程序逻辑和连锁条件,对故障前后的工作步骤进行全面的分析和判断,才能找出问题所在,快速解决问题。

(2)加强对设备的学习和认知程度,才能在出现问题时,快速锁定解决问题。

(3)加强日常的维护保养,在条件允许的情况下,做好设备的润滑、清洁和活动试验。

案例 27　RUSTON 透平机组洗车管线堵塞故障

设备名称:燃气轮发电机组 G-801A　设备型号:英国 RUSTON TB 5000

控制器:MOTOROLA MK Ⅱ可编程控制器

1. 故障现象

2010 年 8 月 4 日,准备对透平 A 机进行洗车时发现,洗车液无法导入机组的洗车管线,致使洗车被迫停止。

2. 故障原因

(1)直接原因:洗车电磁阀动作不灵活,无法开启。

(2)间接原因:设备老化,电磁阀长时间不活动,导致电磁阀阀芯积垢太多,阀芯卡滞无法动作。

3. 分析过程及检修措施

(1)检查洗车专用洗车液储罐,工况正常,液位足够,满足洗车要求,且能正常对 B 机进行洗车。

(2)检查洗车管线的阀门,全部打开,没有人为阻碍。

(3)拆卸洗车管线,有部分灰尘,但不至于构成堵塞。

(4)检查洗车电磁阀出口,发现有液体,但是液量较小,判断电磁阀动作不到位,没有完全打开。

(5)确定电磁阀位号 SOL74,在控制盘上对其进行反复的断电送电操作,活动电磁阀。拆解电磁阀阀体部分,发现内部有较多积垢,阀芯动作受阻,进行清洁保养后,回装,再次启动洗车程序,洗车加液撬块液位匀速下降,压力稳定,洗车成功。

4. 教训或建议

(1)加强对老机组设备的管理,做好日常维护,尤其是对不经常动作的设备要进行活动试验,避免出现卡死现象;对经常运动的部件,要做好润滑和防锈。

(2)完善设备维护保养制度,落实好设备维护保养的相关规定,定期进行润滑、清洁和维护保养。

案例 28　RUSTON 透平 A 机 CPU 死机造成机组关断故障

设备名称:燃气轮发电机组 G-801A　设备型号:英国 RUSTON TB 5000

控制器:MOTOROLA MK Ⅱ可编程控制器

1. 故障现象

2010 年 12 月 19 日,透平 A 机突然停机。透平控制盘上所有按键均失效,显示屏画面静止不动,无任何报警信息显示,发电机出线断路器跳闸,平台失电。

2. 故障原因

透平主程序处理模块(PPM)死机,控制系统老化,主程序死循环,watch dog(看门狗)触发应急停车。

3. 分析过程及检修措施

(1)由于所有按键均没有反应,怀疑系统死机或程序丢失。

(2)打开控制柜检查柜内情况,并无异常,没有明显的异味或故障点。

(3)主控制盘状态灯异常,对系统重新断电复位后重启,系统恢复正常。空载启动透平 A 机,运转正常。

4. 教训或建议

(1)做好控制柜日常维护,确保柜内通风,控制柜内温度,做好除尘防尘工作。

(2)由于该系统属于 20 世纪 80 年代产品,系统较老,且老化严重,建议对系统进行升级改造。

案例 29　透平机组控制程序故障导致控制系统瘫痪

设备名称:燃气轮发电机组 G-801A　　设备型号:英国 RUSTON TB 5000
控制器:AB logix 5000

1. 故障现象

2013 年 2 月 10 日,透平 A/B 机关停报警"FGRTD/1 MODULE FAULT-CHECK PLC HARDWARE"。报警无法复位,机组不能启动。

2. 故障原因

透平 A/B 机 PLC 控制程序有漏洞,导致触发程序故障紧急关停程序,机组停机。

3. 分析过程及检修措施

(1)通过操作界面确认机组报警后,通过报警语句的描述对控制柜内卡件进行检查,确认卡件无故障状态。

(2)对控制柜内 PLC 断电复位重新启动,重新启动后报警仍然无法复位。

(3)通过工程师站,利用 PLC 编程软件在线查找故障。首先检查主变量表

（图 5-34）确认报警程序内的变量数组（Trips[5]）的第 23 项值为 1，说明是由该点触发的关断。

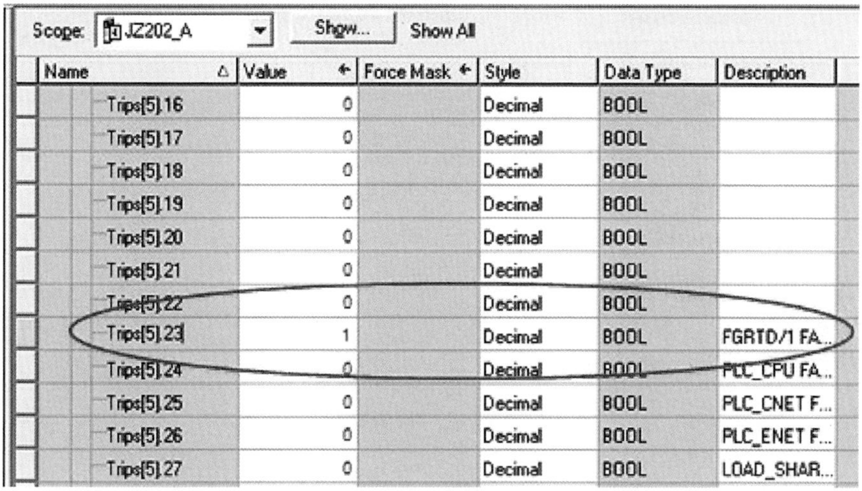

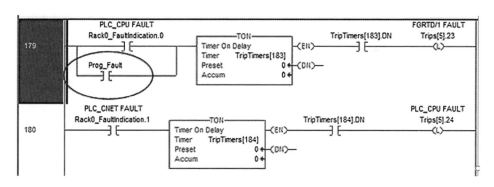

图 5-34　主变量表

（4）检查程序逻辑图，通过程序网络行 179 确认 Trips 线圈已经触发（图 5-35），通过此网络行确认 Trips 由于"Prog_Fault"触点闭合触发。

图 5-35　PLC 逻辑程序一

（5）检查程序，跟踪引发"Prog_Fault"动作的原因是"Fault Bits reported by the processor PROGRAM FAULT"常开触点闭合引发（图 5-36），所以才产生了 Trips 信号，造成机组停机。

（6）能触发此段线圈动作的原因是，第 25 网络行的 ADD 程序模块计数器超限导致计算数据溢出（图 5-37），触发了 Trips 信号，造成机组停机。

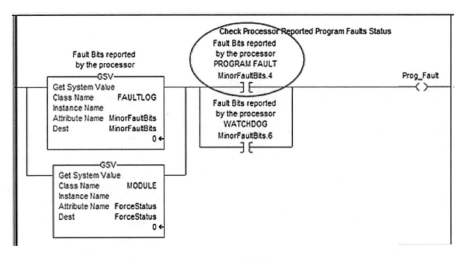

图 5-36　PLC 逻辑程序二

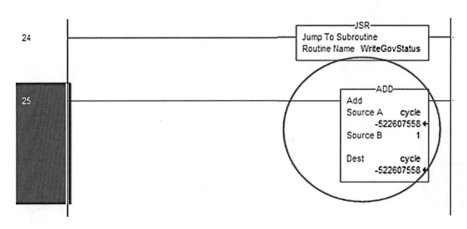

图 5-37　PLC 逻辑程序三

4. 教训或建议

(1)通过与厂家协商对程序进行修改,在 179 网络程序段上增加 AFI 断点,消除关停信号,机组正常启动。

(2)建议控制系统程序开发商到现场对程序进行排查,排除类似隐患。现场技术人员需要进一步加强学习,提高技能。

案例 30　RUSTON 透平启动时 4 号燃烧器点火失败故障

设备名称:燃气轮发电机组 G-801A　设备型号:英国 RUSTON TB 5000

控制器：MOTOROLA MKⅡ可编程控制器

1. 故障现象

2008年7月3日，正常启动透平B机时出现4号燃烧器不能正常点火故障，停机。

2. 故障原因

4号燃烧室防喘放气阀关闭不严，有轻微漏气现象，导致机组提温不均匀，引起机组报动力透平燃烧室温差大而停机。

3. 分析过程及检修措施

(1)更换4号燃烧室火花塞、点火电缆、点火变压器，更换点火燃料气管路过滤器。

(2)对燃烧室天然气流量进行微调，适当减小点火气量。对流量调节阀FV进行手动动作试验，工作正常，点火故障排除。

(3)点火成功后由低速转向高速运行时(转速超过3000 rpm)，PT出口温度很快升高，当PT出口温度在440～504℃时(PT出口共计16个热电偶)，透平报警，报警语句如下：

39：PT EXIT TEMPERATURE DEVIATION。

34：TURBINE PT EXIT TEMPERATURE HIGH。

即透平机组P动力透平T出口高温报警和各缸温差过大停车(温差超过60℃)(PT出口正常工作温度480℃，TAH为580℃、TAHH为600℃)，透平无法正常启动。

(4)通过观察分析，当机组点火成功后进行加速时，PT出口温度很快升高，几乎是在开始加速的瞬间，温度就超过600℃，从而透平报警、停机，无法正常启动。

(5)怀疑高报探头可能存在故障，随即更换TC11与TC12热电偶，但故障依旧。

(6)检查机组的整个燃料和燃烧系统，7月15日将故障现象反馈给RUSTON厂家，寻求技术支持。厂家及时反馈信息，认为上述故障的主要原因为机组的4个燃烧缸之中，某个燃烧室的防喘排气阀(BOV)可能有泄漏。

(7)针对厂家技术人员提供的信息，对高温报警区所对应燃烧室的防喘排气阀进行检查和确认。

① 检查控制防喘排气阀的电磁阀，接线盒和接线端子没有问题，经测量电磁阀的电阻和绝缘均正常，说明电磁阀没有问题。

② 通过对4个缸的BOV逐一拆检确认，其中一个防喘排气阀有轻微的泄漏现象(图5-38)。

③ 解体故障BOV，检查膜片是完好的，发现阀和膜片的接触面有轻微铁锈，进行除锈清洁处理，更换新的膜片后，安装复位。

④ 启动机组，经过几次燃烧喷嘴的微调后，成功启动运行，7月27日机组投入正常带载运行。

图 5-38　有轻微泄漏的防喘排气阀

4. 教训或建议

进一步加强对设备的认知程度,学习掌握厂家第一手资料,利用一切机会提高专业技能。

案例 31　透平 B 机火灾监控模块失电引发紧急停机故障

1. 故障现象

2006 年 11 月 17 日 19:50,透平 B 机发生应急停车,中控 B 机火气监测控制模块无电源指示。

2. 故障原因

给透平 B 机火气监控模块供电的 UPS DC 24 V 电源线存在虚接现象,导致端子烧坏,火气监控盘供电电源中断,连锁引发透平紧急停车回路,火气状态继电器失电断开,机组紧急停机。

3. 分析过程及检修措施

(1)检查中控 B 机控制盘 5 号端子排 DC 24 V 电源供应情况:经检查供电正常。

(2)检查中控 B 机控制盘 6 号端子排 AC 220 V 电源供应情况:经检查供电正常。

(3)检查中控 B 机控制盘 15 号端子排 DC 24 V 电源供应情况:经检查 15 号端子排没有此电源供应。

（4）对照 15 号端子排电源电缆线号，查找主开关间 B 机 UPS 供电盘的 DC 24 V 输出端子，发现 DC 24 V 接线端子虚接，且接线端子因接触不良而过热烧毁。重新制作线鼻子，连接紧固 DC 24 V 接线端子，中控 B 机控制盘火气监测控制模块供电恢复。机组恢复正常。

4. 教训或建议

（1）完善升级设备的日常维护保养制度，切实落实好维护保养工作，是保证设备正常运转的根本。

（2）进一步加强学习，提高故障情况下的应急故障排查能力。

案例 32　RUSTON 透平 B 机应急停车故障

设备名称：燃气轮发电机组 G-801B　设备型号：英国 RUSTON TB 5000
控制器：MOTOROLA MK Ⅱ 可编程控制器

1. 故障现象

（1）2008 年 11 月 20 日 04：00，透平 B 机因为"EMERGENCY_STOP_LOOP_ WILL_NOT_MAKE"故障报警后紧急停机，造成平台失电，当重新启动透平时发生以下报警信息并且透平不能启动：

① O/S_FUEL_GAS_VENT_VALVE_FAILED_OPEN_ZS12（撬块外燃料气放空阀故障）。

② EMERGENCY_STOP_LOOP_WILL_NOT_MAKE（应急停车回路故障）。

（2）根据报警信息，通过工程师站键盘手动打开燃料进气阀，关闭放空阀，调整燃料阀阀位状态，使透平处于正常启动状态，并进行故障复位。但报警不能复位，且燃料进气阀和放空阀又回到应急状态。

2. 故障原因

透平 B 机应急停车回路状态输出继电器故障，该继电器得电后，其中一对常开触点不能闭合。

3. 分析过程及检修措施

（1）燃料进气电磁阀检查。使用工程师键盘对 SOL12（燃料气电磁阀）进行强制送电断电试验，观察测量相对应的 SOM 板卡（I/O 卡）上状态指示灯状态正常，同时测量 TCM（透平控制盘）盘内 SOL12 输出端子电压正常，现场阀门动作，排除燃料进气阀故障的可能。

（2）检查测量透平现场撬块、GCP 发电机控制盘和 TCM 盘上的"EMERGENCY_ STOP"按钮全部在正常位置（常闭），排除"EMERGENCY_STOP"关断按钮故障原因。

（3）测量 EMERGENCY_STOP_LOOP 线路，发现此回路无断路现象，说明回路没有问题。回路末端控制一个"EMS_RELAY"继电器，发现"EMS_RELAY"继电器在得电状态下 9、11（9、11 是一对常开点）不能闭合。

（4）由于平台没有同型号的备件，用国产继电器进行改造，回装后，报警复位，故障排除，启机测试正常。

4. 教训或建议

（1）加强对设备的学习和认知程度，提高故障状态下快速反应的能力。

（2）进一步优化库存。加强设备的日常维护保养，保证柜内的通风散热和防尘除尘。

案例 33　RUSTON 透平 A 机控制器程序丢失故障

设备名称：燃气轮发电机组 G-801A　设备型号：英国 RUSTON TB 5000
控制器：MOTOROLA MK Ⅱ 可编程控制器

1. 故障现象

2008 年 2 月 7 日，透平 A 机在正常运行过程中控制计算机出现死机，重新启动系统发现，系统不能启动。

2. 故障原因

由于控制系统的计算机主板 PPM 卡在长期运行过程中，其电池或其他元器件老化不能充电，电池的电压不能维持正常工作，导致存储器内的信息丢失引起系统故障。

3. 分析过程及检修措施

（1）检查系统电源 AC 220 V/DC 24 V 均正常。

（2）检查电源模块工作正常（DC 24 V/＋DC 12 V/－DC 12 V/DC 5 V）。

（3）检查 PPM 板（系统计算机主板）电池电压为 0.2 V，正常应为 3.6 V。

（4）采用替换法检修。

① 将透平 A 机运行中出现故障的 PPM 板替换到 B 机，B 机不能启动，故障现象和 A 机相同，状态指示灯异常。

② 将新 PPM（版本升级）替换到 B 机，B 机不能启动，故障现象和 A 机相同，状态指示灯异常。

③ 上述结果表明系统不能启动是 PPM 主板的原因。

（5）正常情况下 PPM 主板电池的电压为 3.6 V，由于长时间运行元器件的老化造成电池不能充电，因低电压导致存储器上的部分数据丢失，系统不能启动。

（6）更换新的 PPM 板后系统同样不能启动，原因可能为后期采办的 PPM 板备件版本已经过多次升级，而系统软件却没有进一步升级，导致原版本的软件不能兼容升级后的 PPM 板所致。因系统不能启动而无法通过硬盘将程序加载到 PPM 板中。

（7）通过厂家技术指导，用软盘将程序加载到 PPM 主控板中，将硬盘 MS(60)数据线拔出，将软驱的数据线连接到原来的硬盘位置，将 PPM 板上"SWA"红色开关置于 TOP 位置，程序加载成功，系统恢复正常。

4. 教训或建议

（1）加强对设备的学习和认知程度，提高故障状态下快速反应的能力。

（2）进一步优化库存。加强设备的日常维护保养，保证柜内的通风散热和防尘。

第三节　原油主机发电机组主电站故障案例

案例 34　1#主机黏度分析仪故障

设备名称：原油主机发电机组　　设备型号：MAN-B&W L32/40 CD

1. 故障现象

2009 年 4 月，对 1#主机黏度分析探头进行保养。当打开黏度分析仪面板时，黏度分析仪显示温度值达到满量程 200 ℃，如不解决机组将无法启动，而打开前显示正常。

2. 故障原因

黏度分析仪的电缆 J3 插头松动，导致输出显示异常。

3. 分析过程及检修措施

（1）由于黏度分析仪面板固定比较紧，在用力打开过程中发现黏度分析仪显示的温度参数达到满量程 200 ℃。分析判断应该是打开过程中，触碰到探头的接线或者显示模块，造成显示异常。

（2）试图通过给黏度分析仪断电重启的方法使之恢复正常。重启后，1 min 内温度由 100 ℃又逐步升高到 200 ℃。

（3）打开分析仪后盖，断开从探头来的 PT100 的接线，显示 200 ℃不变，基本断定是回路开路。用皮带钳松开分析仪的前半部，拆出分析仪的本体，发现 J3 插头（PT100 进线所在线束）有点松脱，紧固后温度显示正常。

4. 教训或建议

(1)设备的操作要严格按照操作手册和说明书进行,避免快、急、猛。

(2)加强对设备的学习和认知程度,才能在设备出现故障时快速反应,及时解决故障。

案例 35　原油主机 Governor 系统故障

设备名称:原油主机发电机组　设备型号:MAN-B&W L32/40 CD

1. 故障现象

2009 年 3 月 1 日,主机控制屏上不定期出现报警"governor common alarm",但可以复位,又没有影响主机正常运行。

2. 故障原因

该主机的 SPEED SENSOR 3 插头损坏松动,导致不定期出现公共报警。由于 SPEED SENSOR 3、4 互为备用,当其中一个损坏时,系统只是报警,但仍然可以正常工作,当两个都损坏时才会发出停机信号。

3. 分析过程及检修措施

(1)检查 3# 主机 governor 控制盘柜,发现柜内有一个 U4 隔离栅状态灯不亮,对比其他同样处在备用停机状态的主机,发现此状态灯是亮的。进一步确认发现,SPEED SENSOR 3 和 SPEED SENSOR 4 的信号线经过 MX 中间接线箱,不进 DTB 就地控制盘,而直接进入 governor 控制盘柜内。

(2)检查 governor 控制盘柜内的探头接线及外观均良好。

(3)检查中间接线箱 MX 内接线也没有松动或破损现象。

(4)检查探头本体接线盒时发现,SPEED SENSOR 3 插头有变形和倾斜现象。进一步仔细检查发现,由于紧固螺钉时过于用力,使得紧固螺钉已经穿透塑料部分,从中间滑脱出来,失去了紧固的作用,并没有将插座固定在底座上,使得探头不能正常工作,更换探头后报警消除。

4. 教训或建议

设备的安装过程要严格按照安装手册进行,这样才能确保设备的平稳运行。

案例 36　3# 主机控制盘掉电停机故障

设备名称:原油主机发电机组　设备型号:MAN-B&W L32/40 CD

1. 故障现象

2009 年 7 月 25 日,1[#]、3[#]、4[#]、5[#] 四台主机运行,2[#] 主机处于停机检修状态。21:15,3[#] 主机故障关停,触发 L1 分级卸载系统动作,注水系统、电脱水等设备关停。

2. 故障原因

TCV-6180 的电源线破损接地,引起 3[#] 主机控制盘内的 F551 漏电保护器跳闸,导致 FI45 控制面板失电,3[#] 主机停机失电。

3. 分析过程及检修措施

(1)紧急恢复生产系统后,再认真排查原因。从 OS77 操作站的事件记录中可以看出(图 5-39),由于控制盘断电,在 3[#] 主机关断时间段内 21:21 左右仅有两条相同报警信息"Communication failure to PLC DG-3"。

A	25/07/09	19:35:17	ENG.5	KM05.S02	1TU6570B Exhaust gas difference to mean temperature cylinder B1	Limit H	31338
A	25/07/09	19:36:12	ENG.5	KM03.S01	8TU6570A Exhaust gas difference to mean temperature cylinder A8	Limit H	21334
A	25/07/09	19:37:24	ENG.5	KM05.S02	1TU6570B Exhaust gas difference to mean temperature cylinder B1	Limit H	31338
A	25/07/09	21:20:53	ENG.4	KM04.S01	1PT3470 Nozzle cooling water pressure	Limit L	25470
A	25/07/09	21:21:19	COM.M	VN01.P01	Communication failure to PLC DG_3		5034
A	25/07/09	21:21:19	COM.E	VN01.P01	Communication failure to PLC DG_3		35
A	25/07/09	21:30:41	ENG.1	VN02.M01	6ESA8104 Fuel oil module common alarm		10176
A	25/07/09	21:48:05	ENG.4	KM04.S01	3TU6570A Exhaust gas difference to mean temperature cylinder A3	Limit HH	26325
A	25/07/09	21:48:15	ENG.5	KM05.S02	1TU6570B Exhaust gas difference to mean temperature cylinder B1	Limit H	31338
A	25/07/09	21:48:52	ENG.4	KM04.S01	3TU6570A Exhaust gas difference to mean temperature cylinder A3	Limit HH	26325
A	25/07/09	21:55:13	ENG.4	KM04.S01	3TU6570A Exhaust gas difference to mean temperature cylinder A3		

图 5-39　报警信息

(2)盘柜内全部失电,打开控制盘检查发现,F551 漏点保护器处于 OFF 状态,PLC 电源信号灯不亮(图 5-40)。

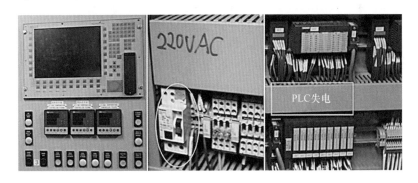

图 5-40　控制盘照片

(3)根据 F551 的铭牌信息所示,其动作电流为 30 mA,结合控制盘的电路图(图 5-41)可知,开关下口带有四类负载:控制盘内部日光灯、FI45 控制面板和 EDS 计算机、AC 220 V 变 DC 24 V 电源块 U1、TCV-3180/6180/4170,其中任何一种设备发生对地短路故障,均会引起 F551 保护功能动作跳闸。

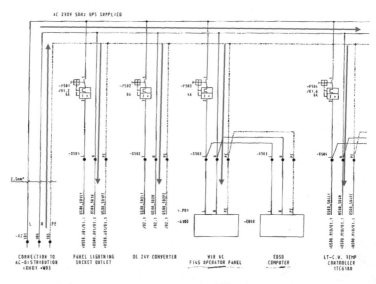

图 5-41 电路图

(4)测量 F551 上口来自于 UPS 的 AC 220 V 电压正常。测量下口对地电压为 0，对地电阻无穷大。拆除上下口接线后，测量上下口触点之间的导通电阻值为 0.2 Ω，送电按"T"测试按钮，开关动作正常。由此判断漏电保护器自身不存在问题。

(5)将 F551 所带负载逐个隔离，检查绝缘，拆除 FI45 和 EDS 计算机的电源线，观察电缆表面良好，测量对地绝缘良好，排除此因素。

(6)拆除排盘柜日光灯具，检查灯具内部情况，未见异常，分别测量 L 和 N 线对地绝缘情况，绝缘性能良好，排除此因素。

(7)分别检查 TCV-3180/6180/4170 的现场接线和绝缘电阻值。检查时发现，TCV-6180 的电源线有一根在进线 GLAND 的根部有磨损破皮，导线内部铜线已经外露，在通电的情况下，导线如果接触内部金属物体，有可能发生对地短路，从而引起漏电保护器动作。导线破损情况如图 5-42 所示。

(8)现场用 3M 胶布包扎处理破皮导线，并对 TCV-3180 和 TCV-4170 相同位置导线进线包扎防护和固定，防止因阀门振动使导线和外壳发生相对摩擦。

4. 教训或建议

(1)设备的安装过程要严格按照安装手册进行，这样才能确保设备的平稳运行。

(2)完善升级主机停机保养程序，将控制盘和现场接线检查内容详细地列入 PM 检查程序中。主机停机时使用热缩管强化该位置导线的保护。

(3)使用橡胶垫子等，减小 TCV-6180 阀体的振动幅度，降低导线在阀门执行器内部移动磨损可能。

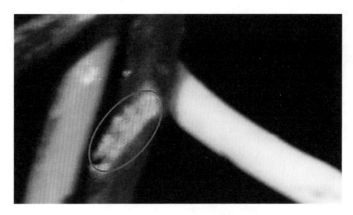

图 5-42　破损导线

（4）对主机振动较大部位的仪表接线，在主机停机时重点检查线路破损情况，防患于未然。

案例 37　3#主机快开阀误动作引发主机关停故障

设备名称：原油主机发电机组　　设备型号：MAN-B&W L32/40 CD

1. 故障现象

2009 年 10 月 4 日，1#、3#、4#、5#四台主机运行，2#主机处于停机备用状态。当日 01:50,3#主机 B 侧快开阀报警故障关停，L1 分级卸载系统触发，注水系统、电脱盐等设备关停。

2. 故障原因

3#主机 B 侧快开阀的阀位反馈回讯器故障，其内部的"凸轮-微动开关"机构接触不良，振动导致微动开关误报警，导致主机判断该快开阀在运行状态下已经打开，引起 3#主机关断。

3. 分析过程及检修措施

（1）报警确认。02:15 前往 MCC 和主机房检查故障原因。在 3#主机 FI45 控制器上显示 3#主机"3GOS 1031B Quick open flap bank B open"，报警信息如图 5-43 所示。

（2）现场确认。现场检查确认发现，3#主机 B 侧快开阀实际并没有动作，报警信息可以复位。初步怀疑因 B 侧快开阀阀门反馈机构误动作或信号回路故障引起关断。

A	04/10.09	01:30:22	ENG.3	KM03.S02	3TU6570B Exhaust gas difference to mean temperature cylinder B3	Limit H	21342
S	04/10.09	01:55:33	ENG.3	US03.M01	Central shut down		20085
S	04/10.09	01:55:33	ENG.3	KM03.S01	3GOS1031B Quick open flap bank B open		20095
I	04/10.09	01:55:34	ENG.3	US03.M01	Generator C.B. is on		20132
I	04/10.09	01:55:34	ENG.3	US03.M01	Generator C.B. is off		20133
I	04/10.09	01:56:38	ENG.3	US03.M01	Engine Start		20104
I	04/10.09	01:56:38	ENG.3	US03.M01	Engine Stop		20105
A	04/10.09	01:56:54	ENG.3	US03.M01	Flushing necessary		20106
I	04/10.09	02:01:24	ENG.3	VN03.M01	9ESA8104 Diesel oil in operation		20180
I	04/10.09	02:01:24	ENG.3	VN03.M01	10ESA8104 Crude oil in operation		20181
A	04/10.09	02:01:24	ENG.3	VN03.M01	9ESA8104 Diesel oil in operation		20182
I	04/10.09	02:01:25	ENG.3	KM03.S01	1TE5070 Fuel oil temperature before engine	Limit H	21189
S	04/10.09	02:01:35	ENG.3	US03.M01	Central shut down		20085
S	04/10.09	02:01:35	ENG.3	KM03.S01	3GOS1031B Quick open flap bank B open		20095
A	04/10.09	02:01:35	ENG.3	VN03.M01	9ESA8104 Diesel oil in operation		20182

主机关断

报警信息复位

图 5-43　报警信息

（3）信号回路检查。检查快开阀的反馈信号线，从现场阀体接线到 MX 接线箱，再到 DI 输入卡件的，均未发现线路异常。

（4）快开阀的反馈装置检查。发现反馈装置中的凸轮结构和微动开关（使用的是开关的常闭点）的接触不好，用手触碰之后就会引起微动开关断开，MCC 显示 B 侧快开阀动作报警。将 B 侧快开阀和 A 侧快开阀的反馈凸轮位置做对比，发现是 B 侧快开阀凸轮结构的最高点并没有完全顶到微动开关上，微动开关的接触不是很好，在主机高振动的影响下，微动开关出现了瞬间断开的现象，从而导致 MCC 显示 B 侧快开阀动作，引发关断。凸轮和微动开关如图 5-44 所示。

反馈凸轮与反馈开关接触部位

图 5-44　凸轮和微动开关

（5）现场重新调节反馈凸轮与微动开关的位置，将凸轮结构的最高点调至与微动开关完全贴合，现场模拟振动，没有出现报警。现场用电磁阀手动测试阀门工作正常，反馈机构完全到位。

4. 教训或建议

（1）完善升级主机维护保养程序，将仪表接线盒的开盖检查、清洁、润滑和紧固列入 PM 检查程序中，并且制定检查的周期。

（2）在其他主机停机的时候，排查是否存在此类隐患。

案例38　5#主机高温停机故障

设备名称：原油主机发电机组　设备型号：MAN-B&W L32/40 CD

1. 故障现象

2009年5月28日15:34,5#主机冷却水探头1 TE3180高高温报警，温度超过98 ℃，触发"Central shut down"信号（图5-45），5#主机关停，触发分级卸载，注水系统关停。

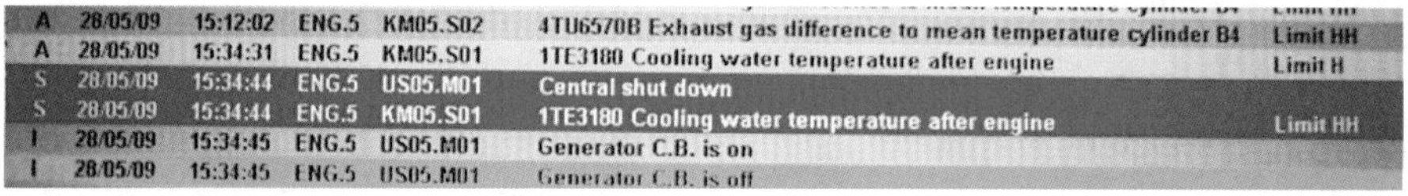

A	28/05/09	15:12:02	ENG.5	KM05.S02	4TU6570B Exhaust gas difference to mean temperature cylinder B4	Limit HH
A	28/05/09	15:34:31	ENG.5	KM05.S01	1TE3180 Cooling water temperature after engine	Limit H
S	28/05/09	15:34:44	ENG.5	US05.M01	Central shut down	
S	28/05/09	15:34:44	ENG.5	KM05.S01	1TE3180 Cooling water temperature after engine	Limit HH
I	28/05/09	15:34:45	ENG.5	US05.M01	Generator C.B. is on	
I	28/05/09	15:34:45	ENG.5	US05.M01	Generator C.B. is off	

图5-45　报警信息

2. 故障原因

5#主机A侧涡轮增压器（TUBO-CHARGER）速度探头接线松动，导致速度信号采集中断。该速度信号参与温控阀调节，继而导致机组温控阀调节失灵，引起机组高温关断。

3. 分析过程及检修措施

（1）检查1、2、3 TE3180三个Pt100温度探头，现场测量探头电阻值稳定，与实际温度值相符。

（2）1、2 TE3180曲线（红色曲线）指示（图5-46），实际温度在逐步上升，不存在温度探头瞬间跳变或线路电阻突然变大等误动作的可能。

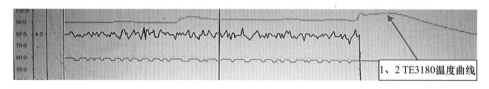

1、2 TE3180温度曲线

图5-46　温度曲线

（3）检查1、2、3 TE3180及1 TE3165温度探头从现场到PLC卡件的所有线路，未发现松动和异常，但是不排除温度探头老化，在高温区域出现非线性的可能，因此更换探头。将拆下的探头使用温度校验仪标定，未见任何异常。

（4）检查温控阀TCV-3180、TCV-6180、TCV-4170的执行机构现场接线，没有异常，测试阀门动作情况，也都工作正常。查阅滑油温度曲线，没有异常，所以排除

TCV-6180、TCV-4170 故障的可能性,但是怀疑在主机正常工作时 TCV-3180 可能卡住不动作,不能及时调节水温,因此拆除 TCV-3180 阀门的本体,检查内部阀芯工作情况,未见异常,只是阀门上下动作略紧,借此机会更换新的阀门本体,旧的留做备件。

(5)更换温控阀 TCV-3180 的阀体和温度探头 3 TE3180、1 TE3165,启机测试,发现 JUMO 阀门控制器在自动模式下并不调节 TCV-3180,但在手动模式下可以手动调节开度。通过 UPS 电流信号发生器模拟转速输出给 TCV-3180 JUMO 控制器,在自动状态下,TCV-3180 调节正常。排除 JUMO 故障。

(6)同时,在启机测试状态下,发现 A 侧 TUBO-CHARGER(涡轮增压器)的转速为 17 rpm,和停机状态下完全一样,B 侧 TUBO-CHARGER 转速正常为 9282 rpm(图 5-47),立即检查 A 侧 TUBO-CHARGER,前后温度、压力,以及振动情况均正常,说明 A 侧 TUBO-CHARGER 工作正常,仅是速度测量部分不正常。现场查看 TCV-3180 的开度,一直处于旁通位置,自动状态下没有任何调节动作,冷却水的温度一直不断升高。TCV-3180 的接线图显示,增压器的转速参与冷却水温度的调节,转速不正常,将直接导致 TCV-3180 工作不正常。

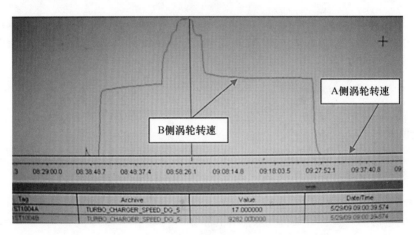

图 5-47　涡轮转速曲线

(7)立即停机,现场检查 A 侧 TUBO-CHARGER(涡轮增压器)的线路及卡件,现场 DTB 就地控制盘卡件工作正常。检查线路时,发现从增压器出来的 sensor 接线盒内,有一根接线松动掉落,从而导致转速不正常,现场立即处理接线,同时检查 B 侧 TUBO-CHARGER 接线,B 侧接线正常。

(8)调取故障停机时 TUBO-CHARGER 的转速历史曲线进行核实。如图 5-48 所示,在 15:52 A 侧转速开始波动,几乎同一时间,1、2 TE3180 的温度也由正常值的 90 ℃开始波动上升。到 16:10 左右,A 侧转速直接降到 17 rpm,此时水温开始急剧上升,但是主机尚未关停。到 16:13 左右,1、2 TE3180 的温度达到设定的 98 ℃,PLC 控制器发出关停指令,主机关断,B 侧转速由平稳的 21887 rpm 立即降低为几乎为 0,此时水温仍在上升,甚至超过了 100 ℃(图 5-49),然后水温才随机体的逐渐冷却,逐步降低到正常值。

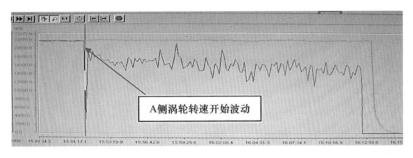

图 5-48　A 侧涡轮转速曲线

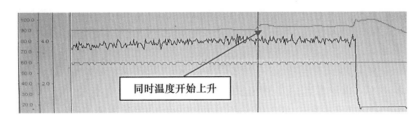

图 5-49　温度曲线

(9)再次启机测试,增压器 A/B 侧转速均恢复正常,同时 TCV-3180 温度控制阀在自动模式下工作正常,高温冷却水 1、2 TE3180 温度曲线平稳,故障排除,主机正常投入运转。

4. 教训或建议

(1)该探头的保养周期为每季度,由于往复式发动机在运行过程中振动较大,需要缩短所有仪表设备的接线松动检查周期,避免因线路松动脱落导致的关断发生。

(2)完善升级维护保养制度,切实落实好机组仪表的维护保养,做精做细,停机状态下,责任到人,对全部仪表及其接线定期进行紧固。

(3)系统目前仅有各个探头的速度显示,并没有报警显示功能,在控制系统升级时,增加速度探头高低限报警功能,以提示操作人员。

案例 39　5[#] 主机无法加载到正常负荷故障

设备名称:原油主机发电机组　设备型号:MAN-B&W L32/40 CD

1. 故障现象

2007年6月17日下午,准备启动5#主机,开始外输作业。主机启动正常并开始加载运行,在负荷加到3 MW时,无法再继续增加负荷,整个电网波动,只能降到3 MW以下运行。

2. 故障原因

DTB(远程I/O柜)内的ET200S共带29块卡件,第29卡(AO卡件)故障。该卡输出给调速控制器,因此导致调速器governor的不能实时调节,主机无法增加负荷。

3. 分析过程及检修措施

(1)检查整个控制系统,发现DTB的ET200卡件SF报警灯闪烁,MCC的FI45的信息有"digital speed governor common alarm"报警,无法复位。现场重置调速控制盘无效。

(2)检查第29卡状态异常,用万用表测量无4 mA输出,但用同样的方法测量4#主机,有正常4 mA输出。将5#主机第29卡与4#主机第29卡对调,结果第29卡的SF灯、ET200S的SF灯和BF灯同时报警,而5#主机的第29卡插在4#主机上时,ET200S的SF灯同样报警。

(3)对主机调速器重置的功能测试,信号能够正常传输到MCC(马达控制中心)。

(4)将4#主机同一位置ET200S所带的29块卡件全部替换到5#主机,送电后故障消除。然后将5#主机的卡件安装到4#主机的对应位置,前28块卡件替换完后,系统都能自动恢复正常。

(5)再把5#主机的第29卡换上,ET200S还是出现SF灯报警。再换上4#主机的第29卡,报警消失。

(6)更换第29卡,重新启动5#主机PLC控制器,并进入FMR进行所用报警的复位,"digital speed governor common alarm"的报警和SF灯依然恢复正常。5#主机加载到5 MW以上测试正常,并投入运行。

4. 教训或建议

(1)加强备件管理。
(2)做好控制柜的日常维护保养,控制好柜内温度、湿度和振动。

案例 40 1#主机 DTB 盘电源开关故障

设备名称:原油主机发电机组 设备型号:MAN-B&W L32/40 CD

1. 故障现象

2007年1月31日8:00,1#主机关停,产生分级卸载。FI-45报警显示为DTB

MCB tripped,然后主机关停。

2. 故障原因

F602 和 F603 电源开关热保辅助触点误报警(F602 为 Speed Sensor 供电,F603 为 OMD 油雾探测器供电),引发 MCB tripped 断路器跳闸,主机关停。

3. 分析过程及检修措施

对照 DTB 接线图纸,有 7 路带热保功能的电源开关辅助触点串联在一起,接入 DI 卡件,对各个电源开关进行监控。电源开关的编号为 KM01.P01、F602/F603/ F604/F605/F606/F607/F608。检查接线时,曾两次偶然触发 DTB MCB tripped。 经检查,端子排接线及电线都没有问题,但在 DTB 盘断电后,测量这 7 路电源开关的 热保辅助触点(23 和 24)电阻时,发现 F602 和 F603 常开点电阻为兆欧级(正常在闭 合状态下应为 0),且阻值不稳定,其余开关触点电阻约等于 0。因此,认为 F602 和 F603 开关有故障。

经查询,库房和电气部门均没有相同类型的备件,类似设备上也没有允许拆除的可用开关。最终用空开代替 F602,将 F603 辅助触点短接。原 F602 送回陆地参照购买。

4. 教训或建议

(1)故障报警里面的代码(KM01.C01)为图纸代码,可供查阅图纸时使用。

(2)理清故障判断的思路,找出可能的故障点,用相应的手段证明或排除。

(3)没有正确的备件时,在不影响设备运行的前提下处理方法可以有所取舍,灵活处理。

(4)加强备件管理,进一步优化库存。对于超过使用年限的设备要有计划地定期进行停机,更换备件和维护。

案例 41　1# 主机高温停机故障

设备名称:原油主机发电机组　　设备型号:MAN-B&W L32/40 CD

1. 故障现象

1# 主机启动测试,约 5 min 后,机组入口滑油母管温度探头 1 TE2170 高温报警,FI-45 监控画面显示为 1 TE2170 HH(达到 73 ℃),主机关停。

2. 故障原因

PLC 温度信号输入模块故障,输入信号不正常。

3. 分析过程及检修措施

(1)单独连接 1 TE2170,MCC 显示 16 ℃,单独连接 2 TE2170,MCC 显示 12 ℃,测试两个探头的电阻值仅差 0.2 Ω,基本相等。资料说明为 1 TE2170 作为显示报警用,2 TE2170 带关断,70 ℃高报,73 ℃关断。

(2)将两个探头的接线互换,单独将 1 TE2170 的插头安装在 2 TE2170 探头上,MCC 显示 16 ℃,单独将 2 TE2170 的插头安装在 1 TE2170 探头上,MCC 显示 12 ℃,说明探头及接线都正常。

(3)在中间接线箱 MX 接线箱处,摘除端子排上探头侧接线,分别测量电阻值,结果基本相等,说明探头和电缆均正常。

(4)初步判断 PLC 卡件存在问题,更换卡件 A605.11(2A RTD,6ES7 134-4JB50-0AB0),按照上述故障原因分析第 1 条的方法测试,MCC 显示均为 27 ℃(实际滑油温度有变化,而不是之前显示的 16 ℃)。启动主机后空载测试 20 min,温度显示正常。

4. 教训或建议

(1)检查 PLC 卡件是否存在问题。为了判断其是否良好,可以用代替测试的方法作判断。

(2)加强对设备的维护,确保机柜内环境的温度、湿度合适,避免高振动。

案例 42　1#主机发电机轴承温度探头故障

设备名称:原油主机发电机组　　设备型号:MAN-B&W L32/40 CD

1. 故障现象

2009 年 1 月 23 日,1#主机的发电机驱动端和非驱动端各有一个轴承温度探头报警,信息为超量程和探头故障报警("Over range""device fault"),机组没有停机。

2. 故障原因

PLC 温度检测 RTD 输入模块故障,A605 子站的 SF 灯亮,导致探头超量程报警及设备故障报警。

3. 分析过程及检修措施

如图 5-50 所示,监控画面显示探头故障:BEARING 1-2(发电机组驱动侧温度)、BEARING 2-2(发电机组非驱动侧温度)。

(1)驱动侧和非驱动侧各有两个温度,分别在卡件 A606.5 和 A606.6(图 5-51)上,各有一个温度报警。初步怀疑卡件故障。主机运行没有关断。现场检查 DTB盘的 A606.0 的 SF 灯亮。

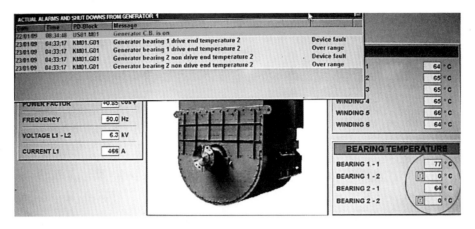

图 5-50 报警信息和操作画面

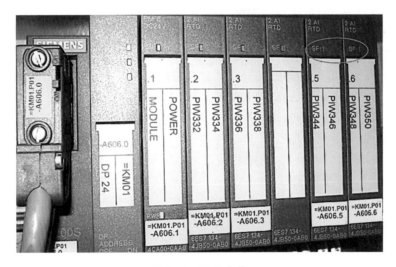

图 5-51 PLC 卡件

（2）手动关停主机后进行检查，接线和探头均正常。断开 DTB 电源，重新上电，故障依旧，但重新上电时，所有卡件的 SF 灯闪了一下，而 A606.6 卡件的 SF 灯没有闪，怀疑此卡件故障。更换新卡件后，MCC 报警恢复，温度显示正常。机组恢复运行。

4. 教训或建议

（1）加强对设备的维护，确保机柜内环境的温度、湿度合适，避免高振动。

（2）优化库存备件，备件采购按照故障率、通用性、重要程度进行合理的库存管理。

案例 43　2#主机励磁失败故障

设备名称:原油主机发电机组　设备型号:MAN-B&W L32/40 CD

1. 故障现象

2#主机启动后,发电机报励磁失败,不能建立电压。

2. 故障原因

2#主机在大修期间,发电机出口主断路器被置于测试位置,检修工作结束后没有及时回复。导致启动机组后,PLC控制励磁电压的Q3.5没有输出,发电机没有励磁电压,无法建立电压。

3. 分析过程及检修措施

(1)阅读分析主机逻辑控制程序。

(2)和其他的未启动的主机程序作对比。

(3)启动主机,借助西门子S7程序,观察相关的信号状态,发现I5.5不正常,状态为"1"(意味着发电机回路开关处于测试状态),这导致Q3.5(发出励磁命令)没有输出,没有这个信号,主机也就没有励磁。

(4)停下主机,检查电压调节控制盘,更换K10继电器。参考电气控制图分析电力产生的过程。

(5)脱开I5.5重新启机,励磁功能正常,Q3.5也按时输出命令,K10继电器失电,电压也从10 V慢慢涨到6300 V。

(6)停机检查发电机回路开关,发现在维修时被拨到一边。这直接导致送给程序一个不允许励磁的命令。把这个开关打回正常位置,I5.5状态为"0",重新连接该继电器。

(7)重新启机,一切正常。

4. 教训或建议

各部门之间必须建立良好的沟通,以免产生不必要的工作,避免发生安全事故。

案例 44　3#主机控制盘断电停机故障

设备名称:原油主机发电机组　设备型号:MAN-B&W L32/40 CD

1. 故障现象

MCC 3#DG盘掉电,3#主机关断,启动分级卸载,关停进口平台加热器和注水,关停E平台所有油井。

2. 故障原因

3#主机 1TCV-6180 由于马达振动脱落造成线路短路,引发 MCC 3#DG 盘掉电,3#主机关断。

3. 分析过程及检修措施

(1)3#主机 TCV-6180 旁边的防振动楔子被振掉,导致振动加剧。致使阀门电动执行机构的马达脱落,其中一根固定螺栓被振断,导致 AC 220 V 电源短路。

(2)更换一个新的电动执行机构。重新固定防振动木楔子。

(3)固定 TDV-6180 旁边的踏板,木楔子就插在踏板和阀体之间减振。使用吸油毛毡插在执行机构的头部与滑油过滤器之间减振。

4. 教训或建议

(1)要切实加强日常的设备巡检工作,发现异常要及时处理。

(2)进一步提升精细化管理,完善管理制度,提高员工的责任心,实行设备承包到人,责任划分清晰,责任到人。

案例 45 原油主机 A 机启动用压缩空气压力低故障

设备名称:原油主机发电机组 设备型号:MAN-B&W L32/40 CD

1. 故障现象

2010 年 5 月,现场人员巡检仔细,发现原油主机 A 机启动气瓶内压力降至 23 bar,正常值 30 bar,报警值 15 bar,关断值 12 bar。如果不能及时发现处理,原油主机将关断,造成平台失电、停产等严重后果。

2. 故障原因

启动气瓶至增压器,电磁阀 1SSV1080 内部有异物。在阀门出厂时,装在阀门两端的密封塑料没有去掉,使电磁阀不能关闭,从而造成漏气。

3. 分析过程及检修措施

(1)检查启动空气气路管线,未发现外漏。

(2)缓慢关小空压机出口,空压机压力能增加,说明空压机正常。

(3)检查原油主机 A 机启动空气至增压器的出气口,发现有气体持续释放,初步判断故障是此路管线内漏造成的。

(4)将原油主机由 A 机倒至 B 机。

(5)只打开原油主机 A 机,启动空气至增压器的阀门,启动空气压力下降,确定为此管线泄漏。

(6)拔掉电磁阀电源,试验此管线仍然泄漏,由此确定为电磁阀故障,而不是控制系统故障。

（7）拆解电磁阀，发现内部有异物（在阀门安装前，放在阀门两端的密封塑料没有去掉），使电磁阀不能关闭（图 5-52～图 5-54）。清除异物，回装电磁阀，试验电磁阀可以正常开启、关闭。

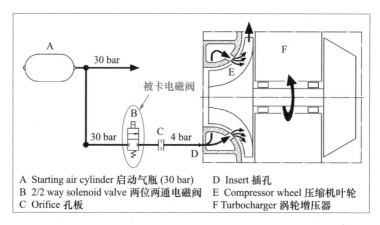

A Starting air cylinder 启动气瓶 (30 bar) D Insert 插孔
B 2/2 way solenoid valve 两位两通电磁阀 E Compressor wheel 压缩机叶轮
C Orifice 孔板 F Turbocharger 涡轮增压器

图 5-52 电磁阀一

图 5-53 电磁阀二

图 5-54 电磁阀三

4. 教训或建议

在机组大修及维护保养过程中,对设备备件及工具的使用要规范有序,检查仔细,从程序上不断加强对日常工作的规范。

第四节　应急电站柴油发电机故障案例

案例 46　应急发电机无法启动故障

设备名称:应急发电机　设备型号:康明斯 MXDFLC-KTA50-D(M2)

1. 故障现象

2011 年 10 月 1 日,7 号应急发电机启动后,机组运转不到 3 min,自动停机。再次尝试启动时,发动机无法启动。

2. 故障原因

就地盘、远程盘内线路虚接。

3. 分析过程及检修措施

(1)初步判断,怀疑为防火风闸内层行程开关故障所致,因此将行程开关信号进行短接。

(2)信号短接后,启动发电机,机组仍然未启动。

(3)检查远程盘,发现盘面电源状态灯无显示,检测无 DC 24 V 电源。

(4)现场对就地盘、远程盘线路进行排查,发现线路故障点 FU3 6A 保险虚接。随后对控制盘内的接线进行全面紧固,发现新增开关并联线路也有虚接现象。经处理后,状态指示灯显示正常。

(5)随后再次尝试启机,发电机启动正常。

4. 教训或建议

(1)由于长期运行振动等因素,对设备的控制系统及现场端子要定期进行紧固检查。

(2)完善升级日常维护保养制度,切实贯彻落实好日常的维护制度规定。

案例 47　应急发电机组转速不稳故障

设备名称:应急发电机　设备型号:康明斯 QSK60-D(M)

1. 故障现象

2009 年 3 月 4 日,在启动应急发电机试运转时,发现柴油机转速频繁变化,最低降至 1200 rpm;发电机频率降至 45 Hz 以下,造成机组电压、频率不能满足使用要求。

2. 故障原因

柴油机燃油滤清器压差高。

3. 分析过程及检修措施

造成转速不稳定的因素比较多,可能有以下方面,根据情况分析检修。

(1)调速器故障,输出不稳定,增益参数设置不合理或设定值漂移:检查调速器线路及电路板外观没有明显异常,增益旋钮胶封完好。暂时不作为排查重点。

(2)油路不畅通:PT 供油电磁阀存在卡滞或电气线路的问题,导致动作不到位。将电磁阀就地手动强制打开(电磁阀线圈上有个手动强开旋钮),故障现象依旧。基本排除此处的嫌疑。

(3)管路阻塞:燃油回路供应不稳定。全面排查从柴油罐到 PT 出口燃油分配模块的各个可疑部件,柴油罐出口关断阀已经完全打开,手动阀门全部打开。

(4)滤器脏堵:检查油滤器压差为 30 kPa,初步怀疑油滤器脏堵,更换柴油机燃油滤器 3 个。

燃油滤器更换完毕,启机试运转一切正常。

4. 教训或建议

(1)当滤器压差达到 20 kPa 时,加密点检。当压差达到 25 kPa 时,更换柴油滤器。

(2)完善升级预防性维护保养制度,切实落实好日常的点检规定,及时发现设备隐患。

案例 48 应急发电机油压传感器故障

1. 故障现象

C 平台应急发电机启动后,出现预报警、故障停机,显示屏显示"oil"。应急发电机无法启动,影响平台应急。

2. 故障原因

油压传感器故障,内部焊点脱落。

3. 分析过程及检修措施

(1)油路不畅。检查关断阀和手动阀均处在开启状态。

(2)滤器脏堵。滤器压差在 15 kPa 左右,并未达到报警值。

(3)断油电磁阀故障。断油电磁阀强制打开后,尝试启动故障依旧。

(4)油压传感器故障。找到对应的传感器进行拆检,依次排查故障的油压传感器(电阻式)。测量该故障的油压传感器,常压测量阻值为 15 Ω。同时,从库房领取同型号备件进行对比,新的传感器在常压情况下测量电阻为 150~250 Ω。

(5)进一步拆检故障传感器,发现内部滑动变阻器铜丝有熔断现象,经焊接、清除氧化物、调整接触点后,模拟压力变化用万用表测试油压传感器,油压传感器电阻变化稳定,无断路现象,性能稳定。试启动,机组恢复正常。

4. 教训或建议

(1)熟悉设备的工作原理,着重分析问题的可能原因,不要贸然动手。

(2)准备好设备的备件。

案例 49　平台主机失电后应急发电机无法自动启动故障

设备名称:应急发电机组　　设备型号:KTA38-D(M)

1. 故障现象

2011 年 9 月 30 日,主机透平停机失电,应急发电机 45 s 内没有自动启动。

2. 故障原因

应急发电机内层进气百叶窗易熔片脱位,百叶窗限位开关不到位,PLC 无法检测到百叶窗开启信号。

3. 分析过程及检修措施

(1)命令信号:检查应急发电机自动启动控制回路,低压盘已经发出失电信号,但是应急发电机在设定 45 s 之内还是没有启动。

(2)启动条件:检查启动条件,控制面板上指示内层百叶窗开启的灯没有亮,从PLC 端无法检测到进出气百叶窗限位开关闭合信号(相对应的 PLC 输入通道灯不亮)。随即检查现场百叶窗状态,发现易熔片脱落使挡杆无法到位,微动开关触点无法闭合,应急发电机无法自动启动。

(3)手动将百叶窗开启,在挡杆处增加垫片,缩短百叶窗挡杆和微动开关之间的距离,使触点闭合,保证应急发电机在失电时自动启动。

4. 教训或建议

(1)日常点检要认真细致,面板上带指示灯的信号要作为日常检查的重点,各个信号灯的亮和灭的条件要做到心中有数,以便在应急情况下,能够快速判断出故障原因。

(2)加强理论学习和理论与实践的结合,不仅要掌握理论知识,更要对现场实际情况了如指掌。

案例 50　主发电机没有失电而应急发电机自动启动合闸故障

设备名称:应急发电机组　设备型号:KTA38-D(M)

1. 故障现象

在透平主机没有关断失电的情况下,应急发电机却自动启动并合闸,并在运行 3 min 后又自动停机,造成透平辅机盘失电,主电站关断。

2. 故障原因

发电机控制盘内,控制应急发电机启动的回路保险损坏,误认为主电站失电,造成应急发电机误动作启动并合闸。

3. 分析过程及检修措施

(1)平台失电后,立即将应急发电机转为手动。启动应急发电机,手动合闸。保证应急时段电力供应。

(2)首先怀疑应急发电机自动启动回路。应急发电机低压盘只有采集到应急段母排失电,才会发出信号使应急发电机自动启动。检查采样回路保险 FU89.5,发现保险熔断片虽然完好,但测量发现内部已经有虚接现象,造成信号时有时无,使低压盘发出失电信号,造成应急发电机自动启动。随即更换了新的保险。

(3)应急发电机在失电自动启动后,会自动合闸 EACB1。由于 ACB4 与 EACB1 为互锁关系,自动断开。此时应急发电机和主透平分别带载,应急发电机在运行 3 min 后停机,造成透平辅机盘失电,主电站失电。

(4)对所有控制回路进行紧固,发现部分端子也存在松动现象。对其余保险进行了检查。

4. 教训或建议

(1)由于应急段电压采样回路保险的存在,增加了设备故障的概率,考虑是否可以取消。

(2)端子松动和保险虚接的现象说明日常检查和保养的深度还不够,在条件允许的情况下,要尽可能地对控制系统的接线及元器件进行紧固和检查。

(3)完善升级维护保养制度,并加强制度的落实。

案例 51　应急发电机启动电瓶电压过低故障

设备名称:应急发电机组　设备型号:KTA38-D(M)

1. 故障现象

2013 年 4 月 6 日,日常巡检时发现应急发电机 1 号电瓶组总电压过低,小于 DC

21 V,在应急情况下可能无法启动。

2. 故障原因

经测量发现有 4 块电瓶(图 5-55)的电压为零,电解液内部有结点,无法修复使用。

图 5-55　损坏的电瓶图片

3. 分析过程及检修措施

(1)对 1 号电瓶组整体进行隔离,逐个进行电压和内阻测试,发现其中 4 块电池的电压为 0,用电池活化仪进行活化修复,但没有效果。

(2)将故障电池连接片拆除,与电池组脱开。该组其余电池作为备用。

(3)将 1 号电瓶组更换成两块 DC 12 V/(200 A·h)的免维护电瓶。

(4)接线连接完成后,对电瓶进行充电观察,充电电压 DC 28.2 V,电流 6 A。充电 12 h 后充电电流降为 1 A。4 月 6 日用新更换的免维护电瓶启动应急发电机,机组运行稳定,机组停机后应急发电机电瓶充电器显示充电电流为 6 A,1 min 后降为 1 A,各项参数正常。

4. 教训或建议

(1)该电瓶组投入使用不到 5 年,除了维护的原因外,也存在一定的质量缺陷,在今后的项目调试和采办过程中一定要严格选型,细致验收。

(2)认真落实应急发电机的日常检查维护规定,及时发现隐患并处理,是保证设备可靠运行的关键。

案例 52　某平台应急发电机转速不稳故障

设备名称:应急发电机组　　设备型号:KTA50-D(M1)

1. 故障现象

2013 年 9 月 17 日,应急发电机试运转。当机组在怠速运行时,转速能够稳定在 750 rpm,但当转到额定转速(1500 rpm)运行时,转速不稳定,在 1490～1535 rpm 波动,频率在 47～52 Hz 波动,悠车现象严重,无法实现应急发电机与主电网的并车。

2. 故障原因

(1)应急发电机柴油罐进水,油水分离器及柴油滤器内有较多油泥,致使燃油流程不畅。

(2)调速板增益给定旋钮设定不合适。

3. 分析过程及检修措施

(1)检查柴油管路,发现有少量水分,排放柴油,直至排尽柴油内掺杂的水分(水分的来源还需要进一步的排查)。

(2)对柴油管线进行清洗,除去管线内油泥。更换油水分离器滤芯及柴油滤清器。

(3)9 月 20 日,参考厂家人员的建议,对 PT 泵粗滤器和细滤器(图 5-56)彻底清洗,但回装后故障依旧。进而怀疑 PT 泵执行器损坏,更换执行器后故障仍未解决。

(4)后又参考厂家建议,打开现场控制盘面板,在发电机调速板内逆时针调整调节 GAIN 旋钮(顺旋反应快,逆旋稳定性好)和 DROOP 模式旋钮(即转速降控制旋钮,反旋为小,顺旋为大)。应急发电机在额定转速不带载的情况下运行,悠车现象逐渐消失(图 5-57)。待转速稳定后,并车带载运行,继续观察调整,机组转速稳定在 1500 rpm,频率稳定,无悠车现象,应急发电机故障解决。

图 5-56　PT 泵及滤芯

图 5-57　调速器

4. 教训或建议

(1)燃油系统进水的隐患和破坏性非常大,对此要进行严密的排查,杜绝此类事情发生。

（2）进一步加强对设备的认知程度，尤其对于不常用的设备，如应急发电机的控制系统要加强学习。

第五节　废热锅炉故障案例

案例 53　废热回收装置入口烟气高温报警故障

设备型号：AURA WHRU 5005　设备位号：CEP-B-5001A

1. 故障现象

2010 年 2 月 15 日 11:05，运行中的废热锅炉 B 机控制盘烟气进口温度显示乱码，造成烟气进口高温报警。

2. 故障原因

旁通阀关闭时，旁通阀阀门定位器接收到 6 mA 左右的电流值，致使旁通阀开度变为 13%。

3. 分析过程及检修措施

首先，通知中控，停掉废热锅炉 B 机，并关闭热油进出口阀。然后，打开废热锅炉 A 机热油进出口阀，观察其流量压差表为 40 kPa。检查 A 机控制盘各参数，烟气温度 279 ℃，废热出口温度 133 ℃，热油回油温度 103 ℃，热油出口温度 116 ℃，烟气旁通阀开度为 97%，加热阀开度为 2%，之后按下"Heat On"按钮，启动废热锅炉。当启动程序"heat ready for purging"灯灭时，突然旁通管线软连接破损，观察其烟气旁通阀开度仅为 13%，烟气旁通阀开度低于 25%。盘面报警灯显示"H4 POSITION CONTROL FLAPS WHRU MALFUNCTION"故障。

这时热油出口温度达到 170 ℃，还有增长趋势，透平 A 机压缩机压力从 1389 kPa 已经涨到了 1440 kPa，T5 平均温度由 389 ℃ 涨到 446 ℃，已经确定烟气旁通阀未完全打开，汇报机械师后，对其透平 A 机手动停机。11:22，透平 A 机完全停机以后，观察其烟气旁通阀开度又恢复到 97%。

（1）检查 X2.2(4)端子，发现其已经断开，此端子为旁通阀电磁阀线圈供电线路。

（2）关闭仪表气源，旁通阀开度仍保持在 97%。

（3）断开旁通阀阀门定位器电源线 X6(26)，旁通阀开度由 97% 逐渐降为 0%。初步判断，该阀门定位器输出错位，断开回路后才逐渐恢复了正常。

（4）检查盘内接线，无松动，重新启动该废热回收装置，旁通阀保持在 97%。

(5)检查电气线路,良好无松动情况。2月17日10:00,废热回收装置A机正常运转。

4. 教训或建议

(1)加强阀门设备的日常活动和动作试验。

(2)定期检查仪表气系统的干燥和过滤状况,保证阀门定位器等精密仪表正常工作。

案例54　废热回收装置调节阀故障

设备型号:AURA WHRU 5005　设备位号:CEP-B-5001A

1. 故障现象

2011年11月29日下午,中控反映热介质油温度低,锅炉发电工检查后发现废热锅炉A机加热阀开度只有25%左右(正常加热时加热阀开度在55%左右),且无法跟随指令继续开大,重启废热回收装置后,加热阀开启非常缓慢至开度50%。过段时间,加热阀开度又逐渐降到25%左右,加热阀开度低造成热介质油温偏低,致使流程换热器换热效果不好,无法满足流程需求。

2. 故障原因

加热阀阀门定位器到执行器的软连接管损坏漏气,导致加热阀执行器气缸内压力不足,无法保持足够的开度。

3. 分析过程及检修措施

(1)控制盘显示加热阀开度只有25%,出口油温为110 ℃,设定值为125 ℃,调整温度设定值到140 ℃,加热阀开度不变,模块有100%开度的命令。

(2)停止加热,加热阀关到0%,重新开始加热,加热阀缓慢地开到50%,一段时间后,加热阀逐渐关小到25%。

(3)检查减压阀减压后压力,压力表为5.6 bar(即560 kPa)正常,对仪表气进行排液,未发现有液体。

(4)对减压阀到加热阀执行器上的气源管线进行检查,发现加热阀阀门定位器到执行器的软连接管损坏漏气,用手堵住漏点,加热阀逐渐开启到60%。

(5)重新停废热回收装置,更换软连接管,启动废热回收装置后恢复正常。

(6)更换完加热阀阀门定位器到执行器的软连接管后,加热阀开度正常,废热锅炉A机恢复正常。

4. 教训或建议

(1)软连接管为橡胶材料,长时间暴晒容易老化,建议更换为硬质仪表管。

(2)加强日常巡检的深度,对于一些部件的细节要引起关注,一同纳入巡检内容。

案例 55　废热回收装置热油高温故障

设备型号：AURA WHRU 5005　设备位号：CEP-B-5001C

1. 故障现象

2012 年 5 月 26 日 11:30 左右,废热锅炉 C 机停机,报警为热油盘管温度高停机。

2. 故障原因

短接片质量不佳,造成电压衰减。

3. 分析过程及检修措施

(1)逐个对热油盘管温度开关进行复位,结果在控制盘复位后报警未能消除。

(2)打开温度开关中间接线箱,对进线和出线端测量电阻,发现为通路,排除是温度开关故障。

(3)通过图纸查找继电器,测量线圈电压为零,对地测量温度开关接线箱出线的电压为 63 V,进线电压为 220 V,锁定为接线箱内问题。

(4)对地测量温度开关出线电压为 220 V,经过短接片后电压降至 63 V,判断为短接片故障,在短接片两端并联一条跨接线替代短接片后,复位控制盘报警消除。

(5)重新制作并联跨接线后,废热锅炉 C 机恢复正常。

4. 教训或建议

把接线箱 PM 纳入定期保养工作范畴,定期进行开箱检查和端子紧固。

案例 56　废热锅炉 C 机热量控制阀故障

设备型号：AURA WHRU 5005　设备位号：CEP-B-5001C

1. 故障现象

2012 年 8 月 5 日,废热锅炉 C 机热量控制阀电磁阀不动作,导致废热锅炉 C 机无法正常运行,不能对热油进行加热。

2. 故障原因

控制加热控制阀的电磁阀未得电。

3. 分析过程及检修措施

(1)对此电磁阀电源线由负载侧到电源侧逐一检查。

(2)首先找到控制此电磁阀电源的继电器,线圈没有得电。

(3)继续查找此继电器的线圈电源,发现线号与 MCC 控制柜内卡件所接的线号不一致,导致检查工作受到一定影响。

(4)通过对此信号线输入、输出判断及与输入和输出卡件对照,发现透平停废热继电器触点没有闭合。

(5)对照图纸,进一步测量 MCC 控制柜内继电器 K-2080-4 线圈,有电,但是继电器没有吸合,故判断为此继电器故障(图 5-58)。

(6)将继电器复位后,加热控制阀恢复正常,运行状态良好。

图 5-58　继电器故障

4. 教训或建议

(1)做好备件管理,及时更换,对于其他的相同继电器也进行更换。

(2)加强控制盘环境控制,保证温湿度在规定范围内。

案例 57　废热锅炉 A 机加热阀故障

设备型号:AURA WHRU 5005　设备位号:CEP-B-5001C

1. 故障现象

2012 年 10 月 10 日,巡检人员发现废热锅炉 A 机加热阀不能正常开启,并伴有漏气声,严重影响废热锅炉 A 机的备用状态。

2. 故障原因

加热阀气缸漏气,不能满足正常开启压力。

3. 分析过程及检修措施

(1)经检查,执行机构旋转轴处有明显漏气现象。

(2)对此阀执行机构拆检,发现旋转轴处有明显伤痕(图 5-59)。

图 5-59　执行机构内部照片

仔细检查,旋转轴处的密封胶圈也有明显刮伤现象,造成执行机构气缸漏气,不能达到正常开启压力。

(3)将气缸划伤处用砂纸进行打磨,磨去明显伤痕,并对刮伤密封圈进行更换。

(4)投运执行机构,阀门正常开启。

4. 教训或建议

(1)注重设备活动部件的润滑保养工作,减低损耗。

(2)加强备件管理,对易损件要保证合适的库存量。

案例 58　废热锅炉温度调节失效故障

1. 故障现象

2013 年 1 月 19 日,废热锅炉 B 机温度调节功能失效,热油出口温度设定值为85 ℃,此时温度已降至 70 ℃,但是烟气进口阀开度为 0%,旁通阀开度为 100%,温度在持续下降,操作站报警页无任何报警信息。以上问题出现后,立即启动透平 A 机,投用废热锅炉 A 机,随后将透平 B 机停车。

2. 故障原因

(1)初步分析

① 外观检查:经检查,各调节阀及关断阀的气源压力均正常,各气动阀门的手轮均旋转到自动位置。随后打开废热控制盘,观察控制器及各 I/O 卡件的指示灯,均正常。

② 手动模式确认:将废热锅炉 B 机的温度调节切换为手动模式,手动给烟气进口阀 TCV-B615 一定的阀开度,观察该阀的动作情况。经验证,现场阀开度与操作站给出的值相符,证明控制器、输出卡件和调节阀的执行及转换部分没有问题。

(2)借助软件分析

硬件上没有发现明显的问题,界面上没有任何报警信息,只能借助软件来查找可能的故障点。由于废热锅炉其他功能正常,只有温度自动调节功能失效,即 PID 调节功能失灵。现从以下几步分析查找故障点:

① 查找主程序调用 PID 子程序的前提条件。如图 5-60 所示,从该图可以看出,主程序要想调用 PID 子程序,必须使常闭触点 m61 闭合,即 m61 触点对应的继电器线圈处于失电状态。

图 5-60　调用 PID 子程序的控制逻辑

② 查找控制触点 m61 通断的条件。如图 5-61 所示,影响 m61 状态的点有常开触点 m8、m9、m10 以及常闭触点 m67。m8、m9、m10 分别为透平启机、吹扫和余热炉准备信号。

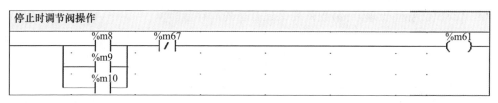

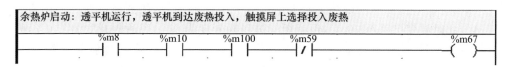

图 5-61　控制触点 m61 通断的部分逻辑

③ 查找控制触点 m67 通断的条件。影响 m67 状态的点有常开触点 m8、m10、m100 和常闭触点 m59。在废热触摸屏组态软件中查出,m100 为软件组态的触摸屏上"废热锅炉启动/停止"按钮,如图 5-62 所示。欲使常开触点 m61 的线圈不得电,需使 m8、m9、m10 同时断开或常闭触点 m67 断开(即 m67 对应继电器线圈得电)。欲使 m67 的线圈得电,需使常开触点 m8、m10、m100 以及常闭触点 m59 全都闭合,这里要求触点 m59 的线圈处于失电状态。

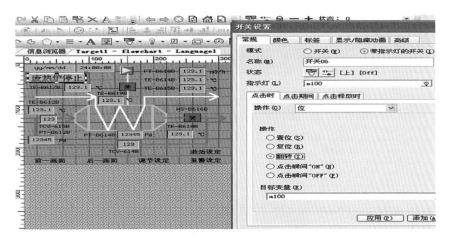

图 5-62　m100 在操作站画面组态中的含义

④ 进一步查找影响常闭触点 m59 状态的点。如图 5-63 所示,欲使触点 m59 的线圈失电,必须使中间状态字 mw12 所有的状态位为零。中间字 mw12 的状态位如表 5-5 所示。

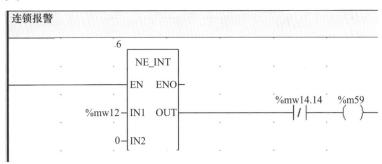

图 5-63　影响 m59 状态的控制逻辑

表 5-5　mw12 各状态位及其含义

状态位	含义
mw12.0——TAHH-B615	热媒加热后温度高高连锁报警
mw12.1——TAHH-B610	出口烟气温度高高连锁报警
mw12.2——TAHH-B612	入口烟气温度高高连锁报警
mw12.3——FALL-B610	热油出口流量低低连锁报警
mw12.4——PAHH-B612	入口烟气压力高高连锁报警
mw12.5——PB-BL-B603	冷却风机故障连锁报警
mw12.6——LAHH-B601	膨胀罐液位高高连锁报警

状态位	含义
mw12.7——LALL-B601	膨胀罐液位低低连锁报警
mw12.8——ZSC-B615	TCV-B615 无法完全关闭连锁报警
mw12.9——ZSO-B615	TCV-B615 无法完全打开连锁报警
mw12.10——ZSC-B614	TCV-B614 无法完全关闭连锁报警
mw12.11——ZSO-B614	TCV-B614 无法完全打开连锁报警
mw12.12——ZSO-B616	HS-B616 无法完全打开连锁报警
mw12.13——ZSC-B616	HS-B616 无法完全关闭连锁报警

综合分析以上可能原因,打开废热控制盘,检查透平送至废热锅炉的三路信号,均正常,将关注的焦点集中到中间继电器 m59 上,由图 5-64 及硬件接线情况可知,m59 的常开触点为 DO 输出点 Q0.6.1 的触发条件,而 DO 输出点 Q0.6.1 的输出端驱动继电器 13K2。经检查发现,13K2 线圈状态灯常亮,说明该继电器带电,即与之相连的 DO 通道输出为 1,进一步说明了常开触点 m59 闭合。

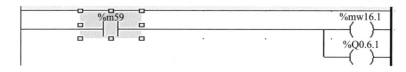

图 5-64　连锁关断逻辑图一

3. 分析过程及检修措施

经以上检查分析可得出结论,该故障是由于连锁关断信号(表 5-5 中所列出的 14 路连锁报警信号)引发。由于现场操作站上没有报警信息,遂将一些模拟信号触发关断的可能性排除,重点查找引入 DI 卡件的数字量。在查找过程中发现,TCV-B615 的阀开度为零时,用万用表测量其关状态限位开关 ZSC-B615 却未闭合,由图 5-65 可知,这将会使得其常闭触点 m4 闭合,连锁状态位 mw12.8 置位,故状态字 mw12 不等于零,最终触发了连锁关断逻辑(图 5-66)。随后打开 TCV-B615 的阀位指示器,将阀门开度设为 0%时,连杆虽能带动凸轮转动,但并不能充分压住开关的弹簧片,无法将阀门关限位信号传送至 PLC。调整凸轮的位置后,重新试验,并使用万用表在接线端子两端测量,确认阀门关状态限位工作良好。回装阀门指示器,按下控制盘上复位按钮,关断连锁指示继电器 13K2,状态灯熄灭,证明无关断连锁信号。启动透平 B 机,将废热锅炉 B 机投用,其温度调节功能恢复正常。

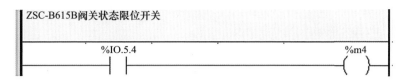

图 5-65　连锁关断逻辑图二

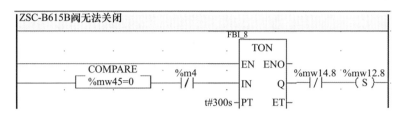

图 5-66　连锁关断逻辑图三

4. 教训或建议

本次故障现场无任何报警信息，故障点比较隐蔽，故障查找不好理出头绪，对于故障的查找工作有一定的困惑，但通过熟读程序，还是从中找出线索，最终解决了故障。在一定程度上帮助操作人员和维修人员拓宽了故障解决思路，积累了故障解决经验。程序设计上存在一定的缺陷，在故障状态下，操作界面上没有相应的报警。

第六节　燃气锅炉故障案例

案例 59　锅炉启动失败故障

1. 故障现象

2009 年 3 月 27 日 10:31，1 号锅炉启炉时完成大风吹扫后，风门无法从大风位置返回到点火位置，盘面没有其他报警。

2. 故障原因

（1）直接原因：锅炉连杆机构上限位开关触点异常。

（2）间接原因：怀疑是伺服电机的辅助输出触点和连杆机构的左右限位开关触点不一致导致。现场检查发现，S2、S5 限位开关的常开点在连杆压到之后仍然为开点（连杆压倒之后应该由开点变为闭合点），怀疑是触点老化或连杆凸轮机构位置有偏移,此触点的开闭信号送给点火程序控制器,控制器不能进行下一步的动作,是因为没有得到该点反馈回来的闭合信号。

3. 分析过程及检修措施

更换了新的限位开关,重新调整了伺服电机的辅助触点和限位开关辅助触点的一致性(反复调整确认,确保完全一致),重新启炉,成功。

4. 教训或建议

由于交流继电器控制回路接线复杂,测量电压受很多因素影响,所以在测试辅助触点时,在盘面断电情况下测量限位开关触点的电阻更加直接,并且测量电阻时应该临时拆掉相关联的多余线路,防止有电路影响测量值。

案例 60　锅炉排烟温度高故障

1. 故障现象

2019 年 8 月 2 日,3 号锅炉排烟温度高报警停机,重新启动后运行不到 5 min 再次报排烟温度高停机。经过几次启动试验后,故障无法消除。

2. 故障原因

(1)排烟温度探头故障,线性不好。

(2)伺服凸轮机构的燃气和风量控制连杆机构发生漂移,燃气和风量配比不合适,造成排烟温度高。

(3)内部盘管换热不好。

3. 分析过程及检修措施

(1)仪表人员对排烟温度探头进行了拆检,用温槽和温度计测量其线性度。100 ℃ 范围内探头线性良好,由于实验设备限制无法达到 200 ℃ 或者更高,随即决定直接更换一个新的探头,但启炉后故障依旧,排除探头故障。

(2)平台人员进入 3 号锅炉检查排烟端面的防火密封,将整个端面的左上方、左下方、右下方用防火毛毯填充好,并检查其他部位,都正常,只是炉膛内盘管上积炭较严重。但轻微积垢属于正常现象,且同时期投用的其他两台锅炉并未发生该故障,因此暂时排除换热不好的原因。

(3)主要怀疑伺服连杆机构在运转中发生了松动漂移,导致燃气和空气的配比变化。8 月 4 日,重新回装设备和仪表探头,并启动循环泵预热,正常后启炉,调整伺服凸轮机构燃气阀的连杆和风门连杆的长度,使火焰呈 1/3 红色、2/3 蓝色的火焰状态,没有黑色排烟。检查发现,火焰有些不稳,有跳动,停炉检查燃气供给回路。检查并更换了燃气调节阀的小膜片,但效果依然不佳,排烟温度依旧很高,只是能够连续运转。

(4)8月6日,再启炉测试,发现炉头有燃烧不稳定的现象,排烟温度依旧较高,但没有报排烟高停机,基本确定维修思路,继续调整伺服机构配比,按照以下思路进行调整:从小火到大火,随着温度的升高逐渐增加风量,使得燃气供给的增加比例小于风量供给的增加。按照这一思路,最终找到了燃气和风量供给的平衡点,对照表见表5-6。将伺服连杆的锁紧螺母进行锁死,并标记位置,以防下次出现类似情况。

表 5-6 负荷温度与排烟温度关系

负荷温度/℃	排烟温度/℃
175	180
180	196
185	209
190	232
195	>240

4. 教训或建议

(1)锅炉的日常保养和检查中,要进一步做精做细,连杆的润滑和紧固等工作要做扎实。

(2)对于设备的维护保养和日常的检查制度,还需要进一步完善,抓落实。

案例 61　热介质锅炉燃气流量计无显示故障

设备位号:CEPA-B-5001B

1. 故障现象

热介质锅炉 B 炉燃气流量计没有显示。

2. 故障原因

(1)流量计接线回路开路、端子松动等。

(2)涡轮转子卡滞,转动不灵活。

(3)中控系统信号输入卡件故障。

3. 分析过程及检修措施

(1)经过检查,仪表信号回路良好,没有端子松动和卡件故障的现象。

(2)燃气流量计管线泄压,检查涡轮转子是否有损坏。

(3)拆卸燃气流量计,发现内部转子被类似油泥的杂质覆盖,转动不灵活,锅炉燃气压力低。在这种工况下,燃气的不清洁很容易造成沉积。

(4)清洁保养燃气流量计,恢复安装,系统恢复正常。

4. 教训或建议

(1)燃气系统滤网的日常检查、保养不到位,造成设备的运行不畅。

(2)燃气滤网的缺失或者失效,会给后面用户的运行带来隐患。燃气的质量会影响燃烧效果,重质和带有杂质的燃气会造成炉膛积炭、积垢,产生更大的危害。

(3)做好全系统的检查保养,树立系统的全局设备管理概念,跨专业的分工和协调要进一步做细,不给设备管理留死角。

案例 62 热介质锅炉燃气低压故障

1. 故障现象

热介质锅炉 A 启动时,燃气压力低报警,无法启动。

2. 故障原因

(1)燃气压力开关信号检测回路故障,有开路或者开关设定值漂移。

(2)燃料气管路减压阀损坏,供气量不足。

(3)燃料气管路滤网堵塞,流通量不好。

3. 分析过程及检修措施

(1)经过仪表人员检查,燃料气压力检测回路没有存在开路,开关设定值没有漂移,更换新的开关试验启炉,故障依旧,排除仪表故障。

(2)检查燃料气减压阀,并未发现异常,膜片密封良好。

(3)拆除天然气进口阀处滤网,发现滤网堵塞严重,水汽和油泥混合物较多,清洗滤网。

(4)恢复现场设备,检漏,启机运行,运行良好。

4. 教训或建议

(1)设备检查保养不到位,锅炉发电工忽视了对燃气入口滤网的日常检查。

(2)管理问题方面,各专业分工不明确,锅炉发电工认为该滤器的检查维护由生产操作人员负责,而生产操作人员认为该滤器应由锅炉发电工负责。

案例 63 热介质锅炉点火失败故障

1. 故障现象

启动时,燃烧器点不着火,多次报警检测不到火焰信号。

2. 故障原因

(1)可能点火电极或者伺服凸轮连杆机构的机械位置改变。

（2）可能燃气燃油管线堵塞。

（3）点火回路电气元件是否损坏，电气接点是否虚接。

3．分析过程及检修措施

（1）检查燃烧器燃气系统管线，重点检查控制燃气供应的双电磁阀和燃气过滤器，没有异常故障点。

（2）检查燃油系统点火电磁阀、主油路电磁阀和燃油系统过滤器，没有异常故障点。

（3）旁通启炉流量限制，将炉内管线导热油流量低报值在触摸屏上由 50 m³/h 改为 0，启动燃烧机试点火，直到停炉后查看点火位（燃油和燃气各试验一次）。

（4）点火过程中，从观察孔判断，点火火焰波动很大。

（5）观察燃烧时，在点火故障停炉的风门位置发现，风门开启过大（正常为点火位置风量最小，开启度 15°），调整连杆和风门开度（恢复到 15°）。风量过大导致点火火苗被吹灭。

（6）启动燃烧器燃油模式和燃气模式，分别测试两遍，均能正常启动。导热油温度设定小于或等于 150 ℃，点火燃烧时间 2 min，手动停炉。等温度降到 150 ℃ 时再启动燃烧机，手动停炉。

4．教训或建议

（1）日常检查维护过程中没有发现风门连杆位置的偏移。

（2）维护检查的深度不够，锅炉发电工的技术水平直接影响设备的维护保养深度。

案例 64　锅炉加热温度无法提升故障

1．故障现象

夜班锅炉发电工反映，在提升锅炉出口油的温度时，出口热介质油温维持在 180 ℃ 左右不上涨，锅炉风机工作正常，出口烟气含氧量上升。

2．故障原因

根据故障现象和以往经验判断为燃气供应故障。由于夜间处理困难，将锅炉倒至 A 炉后待修。

3．分析过程及检修措施

（1）将燃气入口管线滤网取出检查，发现有一些杂质和油污，但污染不足以导致锅炉故障。

（2）继续拆卸燃气控制阀进口滤网，发现滤网已基本被油污堵塞，将滤网清洁干净后回装至管线。

(3)检查其他系统未发现异常。由于工艺加热需求较大,未倒炉测试,根据以前经验断定故障已排除。

4. 教训或建议

完善维护保养制度,将滤网拆检清洗列入制度中。定期检查清洗燃气供应滤网。

案例 65　锅炉盘管高温报警停机故障

1. 故障现象

锅炉发电工发现 1 号盘管温度开关 TSHH-2.111 高报警,而其他盘管温度正常。

2. 故障原因

由于其他盘管温度显示正常,基本判定为 1 号盘管温度开关设定值漂移或损坏。

3. 分析过程及检修措施

(1)对锅炉进行隔离停炉。

(2)现场将 1 号盘管温度开关 TSHH-2.111 拆下,利用温槽进行开关校验。

(3)经校验检查,发现此温度开关动作不稳定,范围在 180～250 ℃,经调整后问题依旧,鉴于此,必须更换新的温度开关。

(4)将新的温度开关进行标定,开关动作值调整为 220 ℃。

(5)清洁盘管接口,将温包插入盘管中并对温度开关进行紧固。

(6)小心拆开包裹电源线的胶带,并用万用表测量电源的电压。在确定无电压或安全电压的情况下进行接线操作。

(7)对各个接口进行再一次的紧固检查。

4. 教训或建议

保证合适的备件库存量,长时间运行后,定期更换易耗品。

案例 66　锅炉燃气进水无法启动故障

1. 故障现象

启动备用锅炉时,点火故障,报燃气低压无法启动。

2. 故障原因

(1)程序控制器问题。

(2)燃气压力开关回路开路问题。

(3)燃料气供应系统问题。

3. 分析过程及检修措施

(1)现场对燃料气进行隔离、泄压。

(2)在对进口滤器卸压时发现有大量的积水。

(3)对自立式调压速闭阀进行拆检,清理阀内和引压管线内的积水。

(4)恢复后,打开燃气入口阀,检查燃气压力正常(90 mbar)。

(5)点火试验,故障依旧,点火时未发现火焰。

(6)检查伺服机构点火动作情况,发现伺服机构动作有停顿现象,拆卸各部连杆,发现风闸卡滞,随后对风闸的活动轴进行清理润滑保养,并对其余部件也一同进行清理、润滑。

(7)重新装配,手动推动连杆,活动自如。点火试验,故障依旧。

(8)现场对燃料气进行隔离、泄压。

(9)拆检燃料气双电磁阀、点火电磁阀,发现内部存在油泥,清理完毕后回装。

(10)恢复燃料气系统,启炉点火成功。

4. 教训及建议

(1)燃气系统的污染会对锅炉的各个系统造成严重的影响,因此对燃气滤网的检查和清洁必须做到位。

(2)完善日常的检查维护制度,提高设备管理的水平。

案例 67　锅炉燃气压力低报警停炉故障

1. 故障现象

锅炉正常运行中,突然报燃气压力低,停炉。

2. 故障原因

(1)燃气压力检测开关回路故障。

(2)燃气供应回路自力式压力调节阀故障,燃气压力不正常。

3. 分析过程及检修措施

(1)首先对仪表开关信号回路进行检查,没有发现异常。

(2)放空燃料气管线内的压力。

(3)拆卸自力式调节阀,发现自立式调节阀内部膜片破损。

(4)更换膜片,并解体阀门彻底保养。

(5)回装自立式调节阀,打开进口阀门,做好气密检查。

(6)启炉试验,点火成功。

4. 教训及建议

(1)锅炉发电相关人员巡检时,将现场仪表纳入点检范围。

(2)完善日常的检查维护制度,提高设备管理水平。

案例 68　锅炉点火失败故障

1. 故障现象

锅炉启动点火时,报没有检测到火焰信号,无法启动。

2. 故障原因

现场 UV 探头故障。

3. 分析过程及检修措施

(1)检查燃气压力是否正常,应为 90 mbar。

(2)点火试验,故障依旧,点火时发现炉膛有火焰产生。

(3)随后对 UV 火焰探头进行拆检,发现内有污物灰尘附着,清理后回装。

(4)点火成功。

4. 教训或建议

完善维护保养制度,定期对探头进行清洁保养。

案例 69　锅炉膨胀罐氮气高低压故障

1. 故障现象

2009 年 12 月 30 日 11:00,某平台发生失电,PA 报警为 0 级。恢复关断后,锅炉无法启动,氮气高低压报警。

2. 故障原因

(1)怀疑锅炉氮气确实低或高报警。

(2)怀疑压力开关误报警。

(3)怀疑安全栅故障。

(4)怀疑控制系统问题。

3. 分析过程及检修措施

(1)停运前锅炉并没有任何报警信号,经与锅炉发电人员确认后,氮气压力正常,鉴于此,考虑并不是真正的氮气高低压报警,而是其他地方存在问题。

(2)打开压力开关检查电气信号状态,发现压力开关内部没有一个端子带电,这很不正常,可以排除压力开关的问题,而是与此开关相连的上一级线路没有电源导通。

(3)检查安全栅,发现状态指示灯正常,但是输出触点却没有闭合,正常应该是闭合状态,用短接线临时将输出的两个触点短接后,故障报警解除,鉴于该监测点的安全级别,将安全栅更换。

4. 教训或建议

锅炉发电相关人员巡检时,将膨胀罐氮气压力的情况纳入点检范围。

案例 70　锅炉火焰探头故障无法启动

设备型号:G1/1-E 德国威索控制器 LEL.1

1. 故障现象

锅炉停机后,再启动时无法启动,系统上电后,燃烧器程序控制器直接报故障,无法启动。

2. 故障原因

(1)直接原因:锅炉因关断停炉后,无法再启动。

(2)间接原因:火焰探测器无法复位,在程序控制器还没有发出点火指令前,控制器接收到反馈回来的火焰信号,导致控制器程序无法执行和不点火。这种超前的火焰信号使控制器无法运行而终止启动。

3. 分析过程及检修措施

详细排查能够引起锅炉控制器不工作和点火失败的各种因素,排查确认后并未找到异常。

发出超前的火焰信号只能是火焰检测回路的问题。由于火焰探测器在系统中的作用是对点火和锅炉点燃后的状态进行反馈,一开始,控制器上电后根本不运行,直接报故障,给故障的排除造成一定的困难。经过分析,怀疑是否有火焰探头故障,假的火焰信号导致系统不工作。更换新的探头后,系统恢复正常,锅炉运行正常。

4. 教训或建议

加强对设备的维护和检查,做好关键设备的采购和日常管理工作。

案例 71　锅炉温度达到低限无法自动启动故障

设备型号:G1/1-E 德国威索控制器 LEL.1

1. 故障现象

(1)热介质锅炉 A 在热介质出口高温达到上限停运后,当热介质温度再次达到温度低限时,不能自动启动,由锅炉发电工手动启动锅炉仍然不能正常启动。

(2)在故障现象检查过程中,热介质锅炉 A 偶尔能成功启动,但停炉后仍然不能正常启动。

2. 故障原因

(1)直接原因:热介质锅炉 A 燃烧器不能启动,程序控制器反复执行启动程序仍然不能成功启动。

(2)间接原因:气密性检验装置 VPS504 的故障导致气密性检验过程失败。

3. 分析过程及检修措施

维修人员进行故障现象检查,热介质锅炉启动成功,进行试运转,17:00 停炉后不能自动启动,手动启动仍然失败。

参考最近一次的热介质锅炉 B 故障描述及维修人员的经验,初步怀疑是点火故障。首先检查 UV 探头,查询库存物资找到相应备件,用一个新 UV 探头更换后,故障依旧,现象一致,排除 UV 探头的问题。

对控制盘里的各种启动相关信号进行检查,发现气密性检漏装置 VPS 指示灯启动不正常,启动吹扫程序不运行。综合以上因素,可以推测是 VPS 的故障,用备件更换后启动,检漏程序通不过。更换回 A 炉原装 VPS,第一次启动成功,但存在不能稳定启动的情况,时好时坏。推测备件有故障。再次更换一个 VPS504 检漏装置,再次启动,一次成功。经过观察和测试,A 炉停机后自动、手动启动均恢复正常。

故障解决后,热介质锅炉 A 运行正常,启动稳定可靠。

4. 教训或建议

加强设备维护,保证关键部件的充足可靠,完善设备档案及管理体系。

案例 72　锅炉运行中燃料气主安全阀泄漏故障

1. 故障现象

锅炉 A 运行中突然熄火,报"SV-1.1351 燃料气主安全阀泄漏"。

2. 故障原因

(1)检查锅炉触摸屏报警画面,依据画面信息进行处理,报警信息仅为"SV-1.1351 燃料气主安全阀泄漏",且报警信息无法复位。

(2)检查双电磁阀上的各个微压开关,结果均正常。

(3)现场打开控制盘检查 SV-1.1351 燃料气主安全阀泄漏控制继电器 19K3 和 PSL-1.1352 燃料气低压继电器的接线是否有松动。检查未发现有松动虚接现象。

(4)拔下继电器检查,线圈、触点均正常。检查压力开关与控制盘接线,线路正常。

(5)检查双电磁阀,发现双电磁阀中 SV1 线圈的阻值较小,小于 2 MΩ。

(6)对双电磁阀进行拆检,发现电磁阀线路板烧毁。

3. 分析过程及检修措施

(1)准备电烙铁、焊锡膏及清洁用品,对双电磁阀电路板烧坏的部位进行清洁。

(2)准备两根 3 cm 长电线,拨开两端绝缘层,并加以焊锡涂层,将烧毁的线路用电线进行焊接,以使线路导通。焊接完成后,用万用表检测,回路已畅通。

(3)将维修好的电路板回装,清理后,启炉正常。

4. 教训或建议

加强对设备的维护和检查,做好关键设备的采购和日常管理工作。

案例 73　锅炉运行中一直无法达到设定温度故障

1. 故障现象

锅炉 A 正常运行时,出口热介质温度一直达不到设定值。

2. 故障原因

(1)炉膛内部盘管换热效果不好。

(2)燃气系统管线滤网脏堵,燃料供应不足。

3. 分析过程及检修措施

(1)控制盘设定出口温度 185 ℃,实际出口温度 176 ℃,回流 143 ℃。

(2)检查燃气流量,显示为 225 Nm³/h,锅炉出口含氧量为 20.6%,怀疑故障为燃气供给不足所致。

(3)停炉,改用柴油模式重启锅炉,观察升温正常,证明风-燃联动机构工作正常。问题可能在于天然气供应方面。

(4)停炉,关闭燃气截止阀。拆卸进口滤器,检查腔内积水,含黑油较多,清洁干净;检查滤网,污染程度不需要更换。

(5)拆卸膨胀管,检查入口滤网,有较多黑色油污沉积,柴油清洗后回装。流程恢复,启动锅炉试运行。锅炉点火正常,热油流量控制在 70 m³/h,升温较快,燃气流量上升至 275 Nm³/h,含氧量降至 10.6%。

(6)确认流程正常后停炉,恢复 B 炉正常运行。

4. 教训或建议

生产流程气体流速过快,夹带液体过多,应完善检查维护制度,要求发电工加强巡检,定期清洗维护,发现问题及时汇报解决。

案例 74　生产换热器破裂导致生产介质窜入热介质油系统故障

1. 故障现象

2000 年 1 月 8 日夜间,热介质系统运行时突然出现流量、压力剧烈波动。

2. 故障原因

热介质加热系统出现内漏,含水原油进入热介质系统,汽化后造成循环泵运行异常,引起系统波动。

3. 分析过程及检修措施

(1)首先检查膨胀罐液位,未见下降,压力为 0.1 MPa,处于正常范围。

(2)检查循环泵正常,除压力波动外,未见异常噪音、振动。

(3)将膨胀罐导入系统,进入脱水循环。膨胀罐温度超过 100 ℃时,罐压开始上升,此时打开罐顶放空口,可见明显白色水蒸气冒出。

(4)热油取样检查,发现颜色已明显变黑,表明有原油进入系统。

(5)要求锅炉发电工将锅炉出口温度降至 180 ℃,避免盘管内壁高温结焦。

(6)通知工艺部门开始查找换热器漏点。因冬季流程处理难度较大,查找进行较缓慢。

(7)脱水循环进行 12 h 后,仍有水蒸气溢出,膨胀罐液位不断上涨,排放部分热油进入收集罐,同时要求工艺专业人员加快查找速度。

(8)要求锅炉发电工密切注意膨胀罐液位、压力变化情况,检查热介质储备,准备漏点检修工作。

(9)1 月 10 日,已确认原因为生产加热器存在漏点,将该设备的热介质油进行隔离。

(10)根据情况确定热油更换计划,在此期间加强热油取样检查,保证设备安全运行。

4. 教训或建议

(1)本次加热器壳程和管程破裂互串现象发现及时,并未造成更大的破坏。

(2)日常巡检中,不放过任何细微异常现象,这样才能避免更大的事故。

案例 75　锅炉燃料气系统大量窜入原油故障

设备型号：BDMV-D5080OOI-140001

1. 故障现象

燃气模式点火不成功。点火成功后，锅炉出口温度一直无法达到设定值，快速切断调压阀及双电磁阀故障。

2. 故障原因

(1)对仪表控制回路进行排查后，没有发现问题。

(2)怀疑是燃气供应回路存在问题，拆检发现燃气供应管路系统进入原油，导致快速切断调压阀及双电磁阀（图 5-67）内部渗入原油，调节失效，双电磁阀动作不畅。

图 5-67　快速调压阀（左）和双电磁阀（右）

3. 分析过程及检修措施

(1)检查锅炉速闭调压阀。发现调压阀以及速闭阀阀体腔室内进入少量黏稠原油，使调节失效。

(2)需要将调压阀完全解体进行仔细清洗，深度保养。

(3)解体调压阀阀体，发现少量原油，使用抹布细致除油。

(4)解体速闭阀，使用液扳手擦拭，除锈，保养内部弹簧、膜片。完全除油后，恢复速闭阀。

(5)解体双电磁阀，发现电磁阀阀体腔室进入大量黏稠原油，清洗维护后回装。

(6)手动试验速闭阀动作情况，通入气源，超压保护动作，速闭阀自动关闭，动作正常。

(7)恢复工作现场，启动流程，点火成功。

4. 教训或建议

加强对设备的维护和检查,做好关键设备的采购和日常管理工作。

案例 76　锅炉送风机星三角启动故障

设备型号:碧海舟 4300

1. 故障现象

锅炉送风机为星三角启动方式,试验启动时,发现风机启动即为角型启动运行方式,星接接触器未动作。

2. 故障原因

(1)控制回路开路,接线松动。

(2)时间继电器故障。

3. 分析过程及检修措施

(1)申请冷工及电气隔离许可证,准备好备件和工具。

(2)检查备件,确认备件型号正确,功能正常。

(3)对锅炉 B 断电隔离,更换时间继电器。确认接线正确,紧固。

(4)解除电气隔离锁定,恢复供电。

(5)启动试运转,观察风机启动方式是否按照星三角启动方式启动,并观察功能,正常。

4. 教训或建议

加强对设备的维护和检查,做好关键设备的采购和日常管理工作。

案例 77　热介质锅炉无任何报警异常停炉故障

设备型号:碧海舟 4300

1. 故障现象

热介质锅炉 B 炉异常停炉,无报警,盘面参数显示正常。

2. 故障原因

(1)可能存在相关报警回路开路,有异常情况但是没有报警信息。

(2)温度达到停炉值,热介质锅炉自动停炉。

(3)热介质锅炉 B 热油出口温度传感器故障,实际温度并没有达到停炉值。

3. 分析过程及检修措施

(1)检查盘面各项仪表参数显示,均正常。

（2）检查报警历史，未发现异常报警，再次启动后能够启动，但运行几分钟后又无任何报警的情况下停机。

（3）分析可能存在无报警停机的原因只能是，热油炉热介质出口温度超过设定值 10 ℃（温控器设定为：正常情况锅炉根据出口温度，在大小火之间转换，但当出口温度超过 10 ℃时就停止加热，停炉）。

（4）将控制盘断电，拆除温度传感器，并使用标定仪检查热电阻温度和电阻值的线性关系，发现加热过程中有阻值无穷大现象（电阻越大，温度越高），判断温度传感器故障造成这种停机现象。

（5）更换温度传感器，恢复现场。测试启炉，正常。

4. 教训或建议

加强对设备的维护和检查，做好关键设备的采购和日常管理工作。

案例 78　锅炉启动过程中控制盘突然断电故障

1. 故障现象

某平台锅炉 A 在燃油模式下启动过程中，控制盘突然断电，导致无法启动。打开盘柜检查，发现控制回路电源开关跳闸。

2. 故障原因

由于是在启动过程中出现断电，怀疑某一带电元件突然接地或者短路，造成控制电源跳闸。燃油点火电磁阀烧毁接地。

3. 分析过程及检修措施

（1）检查锅炉仪表系统，启动点火过程中主要有燃油点火电磁阀、主燃油电磁阀、点火电极变压器等存在动作，因此重点排查这些点。

（2）转换至燃气模式启动锅炉试验，启动成功。

（3）检查燃油点火电磁阀、电磁阀线圈，发现电磁线圈已经烧毁，接线端子接地。

（4）更换点火电磁阀。燃油模式启动锅炉，故障解除。

4. 教训或建议

加强对设备的维护和检查，做好关键设备的采购和日常管理工作。

案例 79　恶劣天气导致锅炉风压口堵塞停炉故障

1. 故障现象

2007 年 3 月 4 日 22:30，暴风雪天气，热介质锅炉 A 炉突然报警停机，再次启炉运行,程控器不工作。

2. 故障原因

程序停止、介质炉报燃烧器故障。

3. 分析过程及检修措施

对照燃烧器使用说明书,程控器"P"故障停机是因为在开始风压检测时缺少风压指示信号,因此检查风压检测开关。该开关为差压式压力开关,分别取风机前、后端压力差。由于A炉是在暴风雪天气情况下停炉,因此重点检查风压开关的风机前端取压口。将取压软管从风压开关和取压口接头处拆下吹扫,发现软管堵塞,并有水流出,因此怀疑管线在暴风雪天气进雪造成管线冻堵。用铁丝将软管内冰冻雪水导通后,回装软管,重启A炉,程控器启动程序一次通过,A炉点火成功,恢复正常工作。

4. 教训或建议

(1)在雨雪大风等恶劣天气,要格外注意设备的运行,必要时采取一定的防护措施,避免意外事件发生。

(2)对于锅炉、空压机、透平等在恶劣天气条件下的运行,要格外注意,形成制度。

案例 80　热介质锅炉膨胀罐 LSLL 低报关断故障

1. 故障现象

2019 年 10 月 13 日,热介质膨胀罐 LSLL-7961 报警,造成 4 台锅炉停炉关断,查看膨胀罐 LT 已经没有液位显示。

2. 故障原因

现场液位开关 LSLL-7961 线路故障,触发关断。

3. 分析过程及检修措施

怀疑热介质漏光,经检查判断是热胀冷缩造成液位变化。在启动一台循环泵后,压力显示正常。准备旁通 LSLL 信号,启炉测试。发现 LSLL 旁通后,报警依然存在,检查发现盘内的接线有一根虚接,处理后报警恢复,逐个将锅炉恢复。液位逐步恢复,但还是偏低,添加热介质后正常。

热介质膨胀罐共有 4 个信号:

(1)LSH-7961 送中控报警,中控程序添加报警并打印,并测试正常。

(2)LSL-7961 送中控报警,中控程序添加报警并打印,并测试正常。

(3)LSLL-7961 信号直接送到 E1 公共盘 X2.7 端子排 1、3 端子(1 和 4、5 之间是短接的,是短接掉 LSH 和 LSL 在公共盘的报警)。该信号报警后直接关断 4 台锅炉。

(4)LT-7961 直接送中控显示液位,已设置 HH、H、L、LL 报警值,并打印报警信息。

4. 教训或建议

系统经过改造后,图纸没有进行及时更新,给故障排查带来不便,应完善设备档案、技术资料的管理。

案例 81　由于 UV 火焰检测信号错误导致锅炉无法启动故障

设备型号:THERMOPAC TP 2000

1. 故障现象

热介质锅炉在启动过程中,出现燃烧器故障,自检到程序控制器的位置 1 时,报燃烧器故障(在第一段时间内没有检测到火焰信号)。热介质锅炉无法启动,将会对生产流程的换热造成影响。

2. 故障原因

(1)直接原因:燃烧器故障,在第一段安全时间内没有点火。

(2)间接原因:锅炉顶部火焰检测 UV 灯故障。启动中 UV 回馈信号不正确,造成启动逻辑无法执行,启动失败。

3. 分析过程及检修措施

(1)检查气动开关:用万用表测量开关状态,开关电压为 0(闭合),没有问题。

(2)检查程控器:启动锅炉,观察是否正常运转,更换程控器后故障依旧,从探窗内能够看到点火成功,排除程控器问题。

(3)检查检漏装置:将检漏装置输出点进行短接,启动锅炉,仍然是燃烧器故障,排除检漏装置问题。

(4)检查 UV 灯:测试 UV 灯反馈信号,电压异常,说明有超前的火焰信号反馈,导致在没有点火时检测到了火焰信号。

(5)更换备件 UV 火焰检测元件,启动正常。

4. 教训或建议

(1)制订重要设备 PM 计划,并按照计划定期展开设备的预防性工作。

(2)做好今后备件跟踪管理工作。

案例 82　锅炉小火探头故障导致停炉

1. 故障现象

3 号锅炉在正常燃烧情况下报"main flame failure"信号,停炉。

2. 故障原因

重新启炉,检查发现,正常燃烧时,火焰信号的强度仅仅为 15 左右,与平常的 25 左右有较大差距,在火焰信号波动的情况下,有时甚至低至 $11\sim12$,当低于低限 10 时,就故障停炉。在停炉后能正常启炉,但是情况不见好转,信号强度没有变化,偶尔低于下限值,然后再停炉。初步判断为大火的火焰探头故障。

3. 分析过程及检修措施

(1)根据初判原因,更换新的大火火焰探头。经过启炉测试,未见明显好转。火焰探头应该无问题。

(2)更换控制器,使用从 4 号炉拆下的控制器,重新启炉测试,未见明显好转。控制器应该无问题。

(3)将大火和小火的线路更换,一处是大、小火焰探头的接线盒处,另一处是锅炉盘内端子排上,更换线路后未见明显好转,线路无明显问题。

(4)将大火火焰探头取下,小火检测的火焰强度无明显变化。怀疑大小火火焰探头型号不对应。

(5)在将大火火焰探头取下的过程中,测量火焰探头回路上面的信号,发现 1 号炉火焰探头线路线间电压约为 7 V,单线对地 110 V AC;2 号炉火焰探头回路线间电压约为 7 V,单线对地 0 V;3 号炉火焰探头线间电压约为 2 V,单线对地 0 V。3 号炉火焰探头线间电压相比较 1 号、2 号炉偏低。

(6)仔细检查 3 号炉大火、小火火焰探头,经检查,发现大火火焰探头正常,小火火焰探头上面的玻璃罩有裂纹,且内部有水珠。

(7)更换小火火焰探头,启炉后发现火焰强度一切都正常,火焰强度在 34 左右,火焰探头线间电压约为 14 V。

4. 教训或建议

将小火探头月度检查加入到月检项目中,定期对探头的功能进行测试,防止因探头故障出现异常关停。

第七节　惰气发生器故障案例

案例 83　惰气发生器无法启动故障

1. 故障现象

2008 年 11 月 11 日,外输前一天,惰气发生器测试几次都没有成功。从点火控制器上可以看出,几乎每次小火都能通过验证,而当小火和大火共存一定时间后切断小火供油阀不久,马上就会听到一声放气声(主油阀被切断),控制器显示报警,即说明大火验证失败,操作面板上显示"火焰失败"。

2. 故障原因

惰气发生器燃油油温是影响点火的重要因素。

3. 分析过程及检修措施

通过测量嵌入在点火控制器上的火焰放大器的电压(火焰放大器有专门的测量插孔),发现从小火点着到大小火并存这段时间里,电压会很快从 0 V 升至 4.99 V 并稳定。而当小火油路切断后,单独大火燃烧时,电压会突然降至 1.6 V 左右(火焰放大器最小可接受的火焰信号为 1.25 V),然后会反复升高到 3.0 V 左右,时间很短,2 s 左右,就会听到主油阀被切断的声音,然后出现"火焰失败"。

第二天故障依旧,直到晚上 9 点多更换了一块 PLC 的 I/O 卡件后(AO-10)才第一次成功点着,可是当停下来再起时,就又出现了"火焰失败"(当时怀疑控制器传送到变频器的信号没有给过去,后来经测试原卡件可以正常使用)。

第三天下午 3 点多时,第二次点燃成功,正好投入外输作业中,没有影响外输作业。

检查过程如下:

(1)怀疑可能是探头脏了或故障造成检测失败。擦拭探头镜面,清洁探头安装管道,更换上面新的 UV 探头,并且两个做过更换测试等工作均起不到作用,故排除火焰监测器故障方面的可能。

(2)怀疑火焰放大器故障。根据当时现象来看,有这方面的可能,而后来不断点火成功,似乎说明此器件也正常。目前备件只有火焰控制器本体,没有放大器。

(3)怀疑 PLC AO 卡件有问题,主油泵控制频率信号未送出。后来经测试原卡件可以正常使用,故可排除此方面原因。

(4)怀疑主油嘴老化,造成雾化效果不好,导致火焰失败。拆出油嘴进行检查,确实发现有老化现象(油嘴里面的内六角螺丝比初始装上时紧了很多),于是更换了油嘴(650 kg/h),经测试雾化效果良好后装上,但问题并没有解决。

(5)怀疑风油配比不合适,造成点火不成功。固定点大火时,主油泵的初始转速在 20%。调节风压的设定值从 2600 mmH₂O 到 3400 mmH₂O,仍然不能启动。固定风压在 2800 mmH₂O,调节点大火时主油泵初始转速从 17% 到 20%,经过这样多次调节后效果依然不理想,只点燃了一次,氧含量正常。

(6)18 日上午,更换全新油嘴(600 kg/h)。

(7)打开热油阀给日用柴油罐加热(原温度 15 ℃左右),点了几次没有成功,但感觉大火的燃烧时间比以往要长一些,而且没有爆燃(即点大火时,类似爆炸,震动强烈),效果要好,接近成功。下午,头两次点火均顺利成功,第三次出现爆燃点火失败,接着又点了一次,成功,测试结束。油温 40 ℃ 左右。小火点燃时间约 10 s,大火点燃失败前持续约 5 s。关闭燃油温度加热器。

(8)19 日上午,测试 2 次均失败。下午打开燃油加热器加热后,待油温在 40 ℃ 左右,再次测试,全部成功。

(9)20 日下午,外输前油温加热到 50 ℃ 左右,点火均成功。

4. 教训或建议

(1)通过此次故障处理过程,结论是燃油油温是影响点火的重要因素。

(2)对于设备的各个功能要保证其功能的完整性,油温控制功能实现自动化是很有必要的。

案例 84　惰气发生器点火失败故障

1. 故障现象

某平台外输前测试惰气发生器时,启动 4 次才启动起来。现象为点火时小火不好,检查点火电极后发现上面油污较多,擦拭后点火成功。但再次点火又失败,之后一直无法成功,现象仍然是点火时小火不好,火焰强度电流表几乎没有变化,控制器的小火检测过不去(有时小火灯就不亮)。

2. 故障原因

火焰探头和油嘴故障,造成点火失败。

3. 分析过程及检修措施

小火检测需要 4 个条件:喷油嘴喷出合适的油雾,点火时空气阀(XV-1155)打开,点火电极打火正常,小火火焰探头正常。

逐步检查,清洁点火电极,测试点火正常。清洁喷油嘴,用煤油浸泡,观察点火时压力表在 2.4 MPa,也很稳定,后来又更换过喷油嘴,还将另外一台惰气发生器的炉头点火部分更换过来,因此排除喷油嘴的因素。

小火检测过不去,有时火焰有,小火也过不去,怀疑火焰探头有问题,更换新探头,仍然不行。

最后怀疑点火时空气阀没有打开或者打开缓慢。隔离电磁阀,强制空气阀打开(控制阀在点火时打开,惰气燃烧正常后关闭此阀),观察小火燃烧正常,更换新火焰探头后点火成功。然后换用老探头,不能启炉,判定老探头故障。

之后,将大惰气发生器的点火部分(此时为新油嘴)换到小惰气发生器上,也启动不了,换旧油嘴,启动成功。将新油嘴清洁后,重新安装(里面内六角螺丝紧到头,不用力。原来油嘴没有完全紧到头),测试成功。

4. 教训或建议

(1)程序进行小火检测无法通过原因只有这几种,挨个排除即可。

(2)油嘴脏影响雾化时,需要清洁,螺丝需要紧固到位,且新探头也不能完全相信。

(3)XV-1155隔离电磁阀后正常打开,动作几次后测试成功,由于之前没有观测此阀,判断该阀门之前可能有卡滞现象,所以之前有一次侥幸启动成功。动作几次后正常。以后需要注意。

第六章

压缩机系统故障案例

第一节　空气压缩机故障案例

案例1　施工粉尘脏堵造成空压机排气高温故障

设备型号:SSR(英格索兰)-MH75

1. 故障现象

2008年10月30日晚,空压机A出现排气高温现象,排气温度达107 ℃,导致停机报警。

2. 故障原因

空压机撬块周围有施工作业,维修人员在打磨作业,造成油漆粉尘进入空压机进气滤器,滑油冷却器堵塞,造成停机。

3. 分析过程及检修措施

(1)打开机壳检查滑油油位,较低,加油10 L。

(2)检查进气滤器和冷却器有较多粉尘。

(3)用淡水冲洗滑油冷却器,然后用压缩空气吹扫进气滤器,吹扫油冷却器和机体各个部位。

(4)同时怀疑进气蝶阀开度较小,导致进气量不足。随后调整进气蝶阀角度,气缸螺栓加长1.5螺距。

(5)清洁调整后排气温度降至88 ℃,试运转正常。

4. 教训及建议

(1)施工作业前一定要充分做好风险分析,并采取措施。

(2)施工作业过程中一定要做好监督监护。

案例 2　空气系统含水量高故障

设备名称:空压机 A　设备型号:SSR-MH75

1. 故障现象

2010 年 4 月 18 日,在使用公用空气吹扫设备撬块时,发现系统管线内含水过多。

2. 故障原因

空压机撬内疏水阀堵塞,出口滤器疏水阀不能工作。

3. 分析过程及检修措施

(1)对空压机进行电气隔离、系统隔离泄压。
(2)拆卸撬内自动疏水阀,发现内部有较多杂质堵住疏水孔,造成水无法排放。
(3)清洁疏水阀,做功能测试,确认疏水阀正常工作。
(4)检查撬外油水分离滤器,更换滤芯。
(5)疏通滤器下部自动疏水阀。
(6)检查公用气罐自动疏水阀,确认其畅通。
(7)确认检修完成,启机运行,检查公用气管线未发现积水。

4. 教训或建议

撬外出口滤器自动疏水阀已失灵,已采办备件,到货后应更换。

案例 3　空压机不能加载故障

设备名称:空压机 B　设备型号:SSR-MH75

1. 故障现象

空气压力已降至加载值,但是系统压力并未见上涨。

2. 故障原因

电磁阀内部积液、结冰,导致电磁阀卡塞。

3. 分析过程及检修措施

(1)观察加载状态下,进气蝶阀没有打开,拆卸蝶阀驱动机构驱动气源管线,发现气流很小,压力不足以打开蝶阀。
(2)拆除加载电磁阀,解体电磁阀,对阀体内部进行清理,发现有少量冰屑,堵塞电磁阀。

(3)吹扫引压管线后回装电磁阀,启动 B 机。

(4)观察自动加卸载状态,恢复正常,将 A/B 机导入联控控制模式。

4. 教训或建议

冬季要加强对设备的检查维护,空气干燥系统、滤器要定期检查更换。

案例 4　空压机 A 卸载压力低故障

设备名称:空压机 A　设备型号:SSR-MH75

1. 故障现象

空压机 A 能够正常加载,在卸载的时候,卸载压力低报警。

2. 故障原因

进气蝶阀气缸固定点螺栓松动。

3. 分析过程及检修措施

(1)对空压机进行电气隔离、系统隔离泄压。

(2)拆卸进气滤器羊角螺栓,取出滤芯,检查滤芯脏堵程度,用压缩空气吹扫滤芯。

(3)检查空气进气蝶阀开度,发现蝶阀完全关闭,蝶阀气缸固定螺栓松动。

(4)紧固蝶阀气缸固定螺栓,回装进气滤器滤芯,设备试运行,正常。

4. 教训或建议

(1)定期对设备进行检查,防止设备元器件松动。

(2)做好备件储备,防止在设备损坏而无法修复情况下无备件。

案例 5　干燥塔故障导致仪表气系统低压关断

设备名称:空压机 A　设备型号:SSR-MH75

1. 故障现象

2012 年 1 月 20 日 00:38,仪表气罐压力变送器 PT-3708 低低压、PALL-3708 低低报警,中控上位机显示 PT-3708 压力为 448.68 kPa,触发 2 级关断。

2. 故障原因

(1)干燥塔左、右塔的单流阀漏气,在工作当中仍有部分气量从消音器处泄漏。平衡阀故障,左、右塔在切换过程中压力波动较大。

(2)压力变送器 PT-3707(低压)和 PT-3708(低低压)中控显示值比现场实际值偏小。PT-3707 现场与中控上位机显示相差 150 kPa,从而使中控上位机监测信号先报警为低低压直接引发关断，而没有低压预报警。

（3）干燥塔远程控制状态下，控制干燥塔切换的继电器故障，导致再生阀全部打开。仪表气罐气体回流泄漏。

3. 分析过程及检修措施

（1）根据报警记录，到仪表气罐处查看现场压力变送器，发现仪表气罐压力为0.32 MPa。

（2）在此期间机修工在空压机撬查看空压机运转情况，发现空压机干燥塔 V-3701A/B 再生阀出口消音器处漏气严重，立刻将干燥塔 A/B 隔离，使用旁路。

（3）进一步查找故障原因，发现空压机干燥塔 A/B 左、右塔换塔阀关闭。左、右塔再生阀均为打开状态（正常为一个塔开，一个塔关）。

（4）干燥塔 A/B 换塔阀关闭，左、右塔再生阀打开（图 6-1），仪表气罐的空气通过干燥塔出口单流阀→干燥塔的左、右塔再生阀→消音器，泄漏到大气中。同时说明单流阀已经故障。

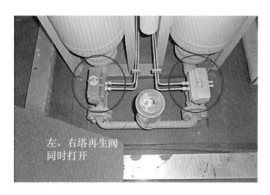

图 6-1　干燥塔再生阀

（5）将干燥塔由"远程"状态切换至"本地"状态，观察干燥塔的左、右塔再生阀切换正常，未出现上述现象。

（6）检查各继电器工作状态均正常。测量各熔断器正常。观察各继电器工作指示灯均显示工作正常。测量"远程/本地"切换开关在"远程"状态下，触点电压（线号为 3 和 11）为 0 V 证明该开关吸合。

（7）测量"远程/本地"切换开关处 3CR 常开点电压（线号为 11 和 4）处电压为110 V，证明 3CR 常开点未吸合。测量 3CR 常开点至该点连接线正常。由于 3CR 常开点断开则在"远程"状态下，干燥塔 A/B 的控制回路无电源。

（8）对各接线端子进行紧固后仍未吸合。更换新的继电器，送电后测量常开点电压仍未吸合。将 3CR 继电器（图 6-2）的底座上常开点接线端子进行短接，送电后在"远程"状态下左、右塔切换正常。通过以上判断 3CR 继电器常开点底座接线端子故障。

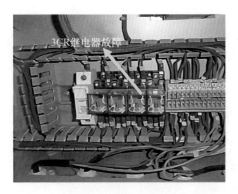

图 6-2　控制盘内继电器

（9）将常开点移至该底座上未使用的常开点接线端子上，送电后在"远程"状态下左、右塔工作正常。

4. 教训或建议

（1）单流阀未更换前应加密巡检。建议尽快采购，对其进行更换。以后保证平台上有库存。

（2）平衡阀未更换之前，暂时将其进行隔离，暂停使用，同时要加密巡检。建议尽快采购，对其进行更换。以后保证平台上有库存。

（3）将 PT-3707、PT-3708 等变送器进行校验。

（4）定期对干燥塔的各继电器进行功能性试验。

（5）定期对干燥塔控制盘内其他附件进行检查，接线端子进行紧固。

案例 6　空压机干燥塔漏气故障

设备名称：空压机干燥塔　设备型号：SP-UP5-22-14-N

1. 故障现象

干燥塔切换过程中，造成仪表气低压报警。

2. 故障原因

（1）电磁阀未动作，或者动作不到位。

（2）执行器未动作，或者动作不到位。

（3）阀体内漏，或者关闭不到位。

干燥塔平衡阀执行器为铸铝材质，拆检执行器后，发现缸内磨损严重（黑色粉末），缸壁有明显拉痕，造成活塞与气缸间的配合间隙增大，导致执行器在动作过程中两腔室间的压差降低以及活塞动作线性降低，造成执行器卡塞（图 6-3），无法正常自动关闭,始终保持导通状态,使仪表气由排气阀泄漏。

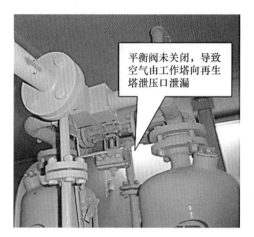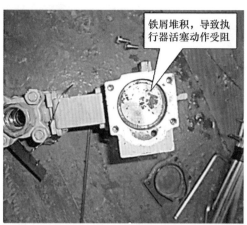

图 6-3　平衡阀执行器卡塞

3. 分析过程及检修措施

(1)拆解旧平衡阀,发现内部铁屑堆积严重,缸壁有明显拉痕,造成活塞与气缸间的配合间隙增大,导致执行器在动作过程中两腔室间的压差降低以及活塞动作线性降低,造成执行器缸壁磨损卡塞(图 6-4)。

图 6-4　执行器磨损照片

（2）检查空压机控制气路滤器，用仪表气吹扫，可继续使用。

（3）由于此阀无备件，且如果保养后继续使用，阀门无法关闭的情况仍会出现，使用风险大，因此考虑替代方案。

（4）查看空压机流程，发现平衡阀主要在切换干燥塔过程中起到平稳升压的作用，不用此平衡阀不会影响干燥塔的运行，但是可能会对滤料有一定的冲击，在可控范围内。

（5）将此阀回装，拆除控制电磁阀线圈，使平衡阀一直处于关闭状态。恢复干燥塔旁通，观察空压机干燥塔在无平衡阀状态下的运行情况，运转良好。

4. 教训或建议

（1）仪表气罐两台压力变送器（PCS 和 ESD）示值不一致（ESD 变送器示值准确），压力变送器量程已经核对，量程都为 0～2000 kPa，BB 系统授权没有，进入不了数据库，下一步需要问厂家要授权，对数据库进行检查。

（2）平衡阀正在采购中，干燥塔在无平衡阀状态下运转虽然正常，但是对滤料应当有一定的冲击，计划将露点仪送至 A 平台进行仪表气露点的测量，持续 1 个月，测量周期 5 天。待备件到后进行更换。

（3）干燥塔平衡阀出现铁屑的原因多半为设计上的缺陷，造成活塞与缸套之间的磨损，类似现象还有可能出现。解决方案：第一，新阀到后，也需要对平衡阀进行每 10 天一次的检查保养润滑；第二，对干燥塔进行改造。

案例 7　仪表气压力低低故障造成平台关断

1. 故障现象

2010 年 10 月 18 日 12:35，中控 ESD 系统仪表气出口压力变送器 PIT-3711 报压力低警报，造成 WHPB 平台 3 级关断。

2. 故障原因

（1）直接原因：中控 ESD 系统仪表气出口压力变送器 PIT-3711 报压力低，造成 WHPB 平台 3 级关断。

（2）间接原因：仪表气罐出口减压阀故障，造成减压阀后压力低。

3. 分析过程及检修措施

（1）通过调取中控画面趋势图（图 6-5），查看发现从 12:30 开始，仪表气罐出口的 2 个压力变送器 PIT-3710 和 PIT-3711 的显示值从 868 kPa 开始下降，到 12:35 时压力低于 500 kPa。在此下降过程中，2 个压力变送器的压力基本一致，由此排除压力变送器自身故障的可能。

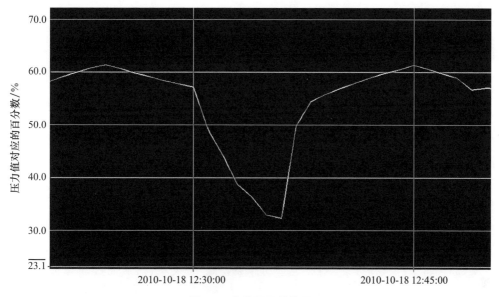

图6-5　中控画面趋势图

（2）现场确认这2个压力变送器出自同一取压口,为(3/8)″管线。检测仪表气露点为−52 ℃,且当时环境温度在10 ℃左右,此管线因水化物冻堵的可能性基本排除。

（3）现场确认此仪表气压力取压点为仪表气罐出口经一个减压阀后的阀后压力,怀疑当时减压阀出现卡堵造成阀后仪表气压力降低造成关断。

（4）对减压阀进行拆卸维修,回装测量压力正常。

4. 教训或建议

两个压力变送器取自同一取压点,不利于对故障点的判断,准备将PIT-3711移至仪表气罐罐体上检测仪表气罐压力,同时将仪表气罐出口减压阀的旁通阀打开,防止减压阀卡堵的可能。

案例8　空压机干燥塔气动切换阀故障

设备名称:WHPB空压机B机干燥塔

1. 故障现象

2013年4月7日19:30,中控上位机报仪表气源压力低,经过查看上位机监控画面,仪表气压力为680 kPa,中控显示两台空压机均运转,且压力不见明显上涨趋势,立即现场确认两台空压机运转状态正常,仪表气压力与中控监控数据相同。若压力继续降低,低至500 kPa时,平台将发生3级关断,严重影响平台正常生产。

2. 故障原因

(1)直接原因:空压机干燥塔工作原理为,当干燥塔进气气动阀处于关闭位置时,排气气动阀则处于打开状态,即该塔处于再生工作阶段。相反,进气气动阀处于打开位置时,排气气动阀则处于关闭状态,即该塔处于干燥工作阶段。当干燥塔处于再生阶段时,进气气动阀无法关严,致使仪表气经过消音器排放,进而引起仪表气压力低。

(2)间接原因:气动阀长期工作,导致设备内部元器件老化损坏。

3. 分析过程及检修措施

(1)将气动阀执行机构两边端盖拆开,用清洗液对内部进行清洁保养,后恢复投用,仍无法关严。

(2)将气动阀上部的阀位指示器摘除,用扳手手动开关执行机构,执行机构开启正常,关闭时无法关严。

(3)再将执行机构拆下,用扳手手动开关蝶阀,开关正常,从而排除蝶阀损坏的可能。

(4)用扳手转动气动阀执行机构,开启正常,关闭时,阀门无法关严,从而判断气动阀执行机构故障,经过拆解(图 6-6),发现执行机构内部定位装置破裂损坏,导致执行机构关闭时卡堵而无法关严。

损坏的定位器件

图 6-6　执行机构内部定位装置拆解

(5)拆除破损定位装置后回装,经仪表气测试没有问题,然后回装到干燥塔,恢复正常工作状态,干燥塔切换、排气反复几次工作均正常。

4. 教训或建议

(1)定期对设备进行投运,防止长期设备运行导致元件过早损坏。

(2)定期对执行机构内部进行拆解保养。

(3)做好备件储备,防止在设备损坏而无法修复的情况下无备件。

案例 9　空压机 B 机干燥塔气动切换阀电磁阀脏堵故障

设备名称:空压机 B 机　设备型号:阿特拉斯-科普柯 GA75

1. 故障现象

2011 年 8 月 27 日,空压机 B 机干燥塔故障停机。仪表气压力降至 750 kPa 报警。锅炉发电工到现场发现干燥塔 B 左、右两塔入口阀呈关闭状态,控制盘上显示故障报警状态。

2. 故障原因

(1)直接原因:干燥塔控制盘内电磁阀排放口消音器堵塞,造成气动阀动作不畅,不能完全打开或关闭。压力开关 PS1、PS2 动作触发盘面故障报警。

(2)间接原因:空压机 B 机运行时,出口油气混合干燥塔内杂质堵塞电磁阀排放消音器,造成气动阀不能正常动作。

3. 分析过程及检修措施

(1)拆卸气动阀,检查执行器气缸内无杂质。

(2)手动动作气动阀驱动电磁阀,干燥塔出口阀、排放阀动作正常。干燥塔入口阀动作稍有动作卡阻显现。

(3)拆卸干燥塔 B 塔控制盘内电磁阀排放消音器,清除内部油污颗粒后安装。

(4)测试入口阀动作正常。

(5)检查干燥塔 A 控制盘内电磁阀消音器无杂质及油污。干燥塔 A 阀动作正常。

4. 教训或建议

(1)定期清理干燥塔内电磁阀消音器,确保排放通畅。

(2)注意检查干燥塔内滤料情况。

案例 10　空压机 B 机润滑油低液位故障

设备名称:空压机 B 机　设备型号:阿特拉斯-科普柯 GA75

1. 故障现象

2012 年 3 月 15 日,锅炉发电岗在对空压 B 机油气分离器添加滑油时,发现分离器上的液位指示器指针一直指示 LOW 状态,但实际液位正常。油气分离器液位指示器一直处于低液位。

2. 故障原因

(1)直接原因:油气分离器液位指示器的浮漂内渗入滑油,造成浮漂无法上浮,一直处于低液位状态。

(2)间接原因:液位指示器的浮漂与连杆之间是用螺纹连接,并且涂有螺纹密封胶,但是由于长期浸泡在滑油中,密封胶老化失效,滑油由螺纹连接处不断渗入浮漂腔室内,最终导致浮漂密度大于滑油密度,致使浮漂不能上浮,指示器功能失效。

3. 分析过程及检修措施

(1)使用油尺检测油气分离器内滑油液位,液位正常,但是液位指示器一直指示LOW状态,液位低。

(2)将油气分离器内滑油排放干净,拆下液位指示器,发现液位指示器外观正常,无断裂破损。

(3)上下移动浮漂,指针指示与浮漂位移一致。指针显示正常。

(4)将液位指示器浮漂浸泡于滑油中,发现浮漂无法上浮。轻轻摇动浮漂,浮漂腔室内有积液(图 6-7)。

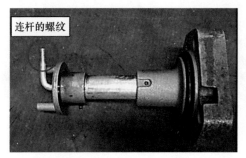

图 6-7　浮漂腔室

(5)仔细观察浮漂与连杆的连接处,有螺纹密封胶的痕迹。密封胶已完全老化消失。

(6)拆下浮漂,将积液倒出,在连杆的螺纹上均匀涂上新的密封胶,将浮漂紧固在连杆上,并用热风枪将密封胶吹干。

(7)回装液位指示器,在油气分离器中加入滑油,此时液位指示正常。

4. 教训或建议

加油保养时检查液位指示器指示是否与实际液位一致。

案例 11　仪表气干燥塔进气阀漏气故障

1. 故障现象

2013 年 8 月 21 日,平台操作工对空压机巡检排放残液时,听到附近有漏气声音,寻找漏点,发现空压机干燥塔右塔进气口再生气动阀门漏气,报告平台长后,分析该阀门漏气量不大,只会导致空压机加载次数增加,联系仪表人员后准备隔日到平台更换,现场加密关注。

2. 故障原因

空压机干燥塔右塔进气口再生气动阀门漏气的原因:

(1)阀门自身故障。

(2)阀体内部有异物造成阀门卡死。

(3)驱动器故障。

3. 分析过程及检修措施

8 月 23 日,仪表人员到平台准备好备件后开始对该阀进行更换,操作人员将干燥塔隔离,走旁通管线,配合更换,更换过程基本比较顺利。更换完成后,将干燥塔进气投入,为避免有问题,暂时没有关闭干燥塔旁通阀门,等待运转几个循环正常后再关闭。空压机开始加载,仪表人员在现场继续观察所更换阀门状态,操作人员回中控放工具,突然发现仪表气压力下降很快,3 min 内由 0.85 MPa 下降至 0.65 MPa,立即旁通 PSLL-3821。操作人员到现场查看,发现空压机一直处于加载状态,干燥塔排污阀后消音器处一直排气(干燥塔结构如图 6-8 所示),立即关闭干燥塔排污阀消音器下方的球阀,压力开始慢慢回升。仪表人员检查干燥塔控制盘发现,上面指示灯显示两个干燥塔进气口再生气动阀都处于打开状态(正常状态该阀为一塔干燥时开,另外一塔再生关,排污阀正好相反),两个都开就使压缩空气从排污阀通过消音器排出,导致压力下降很快。仪表人员将新装阀和拆下的老阀进行对比,发现两个阀门稍有不同,新装阀的气缸两侧都可以接进气管线,而老阀只有一侧气缸可以接(图 6-9)。仪表人员怀疑新装阀门控制气源管线装反,虽然在两根进气管线上做了标记,但阀门运行时的开关状态也反了。于是再次将干燥塔隔离后,将两根进气管线进行调换,将干燥塔投入后观察空压机运转几个循环正常,将干燥塔的旁通恢复。

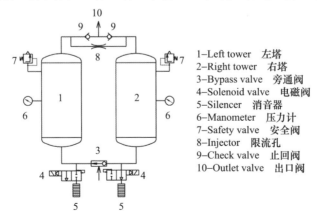

1–Left tower　左塔
2–Right tower　右塔
3–Bypass valve　旁通阀
4–Solenoid valve　电磁阀
5–Silencer　消音器
6–Manometer　压力计
7–Safety valve　安全阀
8–Injector　限流孔
9–Check valve　止回阀
10–Outlet valve　出口阀

图 6-8　干燥塔示意图

新换阀门和原来阀门不同之处

图 6-9　新旧排气阀

4. 教训或建议

(1)在设备维修维护时提前做好风险分析和应急反应,避免平台生产关断。

(2)从当时现象来看,如果从排污阀门泄漏,两台空压机同时运行也无法满足压力需要,必须及时将消音器下方的球阀关闭。

(3)对于气缸阀门,更换之前尤其需要注意进气口和排气口不能接反。

第二节　燃气压缩机故障案例

案例 12　燃气压缩机 B 机流量开关故障

设备名称:燃气压缩机　设备型号:RAM2

1. 故障现象

2008 年 1 月 27 日,压缩机润滑油无油流开关 FS-201B 报警,导致压缩机停机。

2. 故障原因

由于保温层被破坏,天气突然降温,滑油黏度增大,导致检测滑油流量的开关 FS-201B 报警。

3. 分析过程及检修措施

(1)该型号压缩机的无油流检测开关主要是为了保护压缩机组,避免其在没有润滑的情况下重载运行。该开关在设定时间内如果没有检测到油滴,则会报警。油品、接线、振动、开关元件本身都很容易造成该开关的故障状态而报警,在运行中要格外注意。

（2）现场检查控制盘报警清单，屏幕显示 FS-201B 无流量停机。HS3111B 本地 ESD 关停。

（3）现场手动对应急 ESD 按钮复位，故障仍未消除。拆卸 ESD 按钮，发现按钮不能正常弹出。

（4）对按钮部分进行解体维修，回装后，HS3111B 本地 ESD 关停复位。

（5）对滑油补油管线和滑油油箱增加电伴热，并铺设保温。

（6）手动按压滑油柱塞泵，观察 FS-201B 流量状态显示，仍然处于低流量状态。拆卸流量开关及注油器非配管线出口，手动按压滑油柱塞泵，油分配器滑油油流呈现断续状态，且黏度仍然较大。由于滑油温度较低，待滑油温度升高后进行检查处理。

（7）对 FS-201B 进行拆卸检查，动作开关磁棒，开关工作正常，检查滑油分配器出口，对滑油分配器各油路出口进行加压清污，发现有较多黏稠物质，怀疑是滑油黏度大，且形成絮状物。机械人员对燃气压缩机 B 机更换 shell-万德利系统循环油 110 L。

（8）检查流量开关电池，测试 PLC 与流量开关的状态正确。

（9）现场流量开关恢复，待滑油温度上升到 10 ℃后，手动按压滑油柱塞泵，油分配器滑油油流明显增大，各注油点进口处油量连续通畅，恢复各管线启动压缩机运转正常，滑油压力 380 kPa，注油器计时器显示正常，故障排除，系统恢复正常。

4. 教训或建议

（1）加强对油品的维护，尤其在冬天气温低，要选择合适的滑油，并做好伴热和保温措施。

（2）开关及其滑油泵驱动机构和滑油分配器也容易出现故障，日常要做好维护，保留合适的安全库存。

（3）该开关设计较为复杂，极易出现问题，可以考虑更好的保护方式，进行改造。

案例 13　燃气压缩机二级排液阀故障导致高液位报警停机

设备名称：燃气压缩机　设备型号：RAM2

1. 故障现象

2008 年 10 月 2 日，压缩机一级洗涤器高液位后，未能自动排液。

2. 故障原因

二级排液阀故障，造成二级洗涤器液位无法自动排放。

3. 分析过程及检修措施

（1）对燃气压缩机现场一级洗涤器液位检查，两台液位变送器液位均为 60％以上的液位，由于是两台变送器液位均相同，且变送器为差压式液位变送器，所以排除液位变送器故障造成假液位现象。

（2）检查一级排液阀，一级排液阀处于100％全开状态，排液阀工作正常。

（3）检查排液流程、管路，在一、二级之间设有单流阀，因此检查二级排液阀，此时二级排液阀处于100％全关状态，因此判断二级排液阀故障。

（4）检查二级排液阀，此时PLC已发出指令，但实际阀门未打开。

（5）打开二级排液阀护盖，检查发现排液阀反馈弹簧断裂。

（6）由于无备件更换，暂时无法更换该阀门，检修需要一定的时间，通知工艺操作燃气压缩机A机二级洗涤器液位改为手动排液，加强现场巡检。

4. 教训或建议

日常保养时应进一步做好阀门的润滑保养工作。持续优化库存备件，避免出现易损件零库存的情况。

案例14　燃气压缩机排气阀渗漏导致排气高温故障

设备名称：燃气压缩机　设备型号：RAM52

1. 故障现象

2009年1月13日，压缩机一级排气阀高温导致机组关断。

2. 故障原因

一级排气阀阀片、弹簧及阀座密封不严，导致漏气，引起压缩机排气高温。

3. 分析过程及检修措施

拆卸4个一级排气阀。在机修间对气阀做静水密封试验，发现3个排气阀泄漏较严重，对泄漏的排气阀更换阀片、弹簧，研磨阀座。再次做静水密封试验，发现泄漏现象基本消除。回装气阀，启机试验。机组空载运转2 h，一排温度75 ℃左右，二排温度81 ℃左右，将A机逐渐加载，B机逐渐退出，稳定运行半小时，一排温度83 ℃左右，二排温度88 ℃左右，观察无异常情况，停B机，A机单独运行。故障排除。

4. 教训或建议

（1）定期对排气阀进行PM。

（2）定期对排气阀进行静水密封试验。

（3）加强机组排气温度的检测。

（4）做好易损件的库存管理。

案例15　燃气压缩机A机一级排气阀阀片断裂故障

设备名称：燃气压缩机　设备型号：RAM52

1. 故障现象

2010 年 2 月 2 日,一级排气高温,用点温仪检测发现靠近曲轴箱侧的 2 个排气阀温度明显高于其他排气阀。

2. 故障原因

一级排气阀阀片断裂,导致机组排气高温关停。

3. 分析过程及检修措施

(1)开工前准备通知操作人员现场隔离泄压。

(2)打开阀盖,用专用工具取出气阀阀座,检查气阀发现有阀片断裂。

(3)更换新气阀回装。

(4)用同样方法拆检另外出现一个高温的气阀,发现阀片也同样有断裂现象。

(5)更换后回装。进气用泡沫检测未发现有泄漏现象,启机运转温度正常。

4. 教训及建议

(1)建议定期拆检气阀。

(2)注意燃气压缩机目前两种型号气阀同时使用,此次更换气阀发现进气阀和排气阀不一致。应尽量保证对应的进气阀和排气阀为同一品牌,以避免出现不匹配的情况。

案例 16　燃气压缩机 B 机一级排气阀高温故障

设备名称:燃气压缩机　设备型号:RAM52

1. 故障现象

2010 年 2 月 7 日,机组运行时一级排气温度较正常值偏高,用点温仪检测气缸远端排气阀温度高于其他排气阀温度 10 ℃左右,由此判断排气阀已损坏。

2. 故障原因

排气阀阀片和缓冲片断裂,阀座密封面磨损严重。

3. 分析过程及检修措施

(1)拆卸一级排气阀压盖,将气阀抽出检查,发现两气阀阀片、缓冲片已经断裂损坏,阀座密封面磨损严重,已无法使用。

(2)将准备好的新气阀安装,压好压盖。流程通气检漏。确认正常,启机运行,检查一级排气温度明显下降,其进出口温升不大于 60 ℃,满足压缩机正常使用要求。用点温仪检查新安装气阀温度低于未更换气阀温度 10 ℃,新安装气阀工作状态良好。

4. 教训或建议

(1)定期对排气阀进行 PM。

（2）定期对排气阀进行静水密封试验。

（3）加强机组排气温度的检测。

（4）做好易损件的库存管理。

案例 17　燃气压缩机一级气缸天然气泄漏事故

设备名称:燃气压缩机　设备型号:RAM52

1. 故障现象

2010 年 2 月 18 日,压缩机区域可燃气体探头 GD1501 低浓度报警,压缩机报警停机。

2. 故障原因

一级气缸与缸盖之间的密封圈损坏,排气阀已损坏(图 6-10)。

图 6-10　损坏的排气阀密封圈

3. 分析过程及检修措施

（1）现场搭设吊装脚手架。拆卸一级气缸外侧缸盖上的 4 个气阀。

（2）将一级气缸缸盖拆卸拉出,检查密封垫片发现多处损坏,泄漏处垫片已缺失。

（3）加工新垫片 2 件,由于平台无合适复合板,采用 1.5 mm 蓝蜻蜓复合板制作(原使用 1 mm)。将气缸缸盖回装,紧固。

（4）检查拆卸的气阀发现排气阀已损坏,对其进行维护,更换阀片、缓冲片、弹簧等,回装。

（5）机组通气升压检漏正常。启机试运转,带载 30% 供外输,未发现异常,故障排除。

4. 教训或建议

（1）燃气泄漏容易引发火灾等更大的事故,因此,对设备维护保养时,可燃气体探头的校验要定期进行;做好密封圈的备件,并且密切观察,适时更换。

(2)对排气阀定期检查。

案例 18 燃气压缩机一级排气阀阀片和减震垫片损坏故障

设备名称:燃气压缩机 设备型号:RAM52

1. 故障现象

2010 年 5 月 11 日 04:10,机组运转时 TE-215AHH 高温报警停机,停机后检查发现一级温度 100 ℃。查看历史记录一级 1 号和 4 号排气阀温度分别为 101 ℃和 99 ℃。

2. 故障原因

阀片和减震垫片损坏严重。

3. 分析过程及检修措施

(1)停机工艺隔离,关闭去火炬的手动放空阀,防止天然气回气到气缸,给机组泄压。

(2)拆 1 号排气阀盖,用专用工具取出排气阀更换解体,发现阀片和减震垫片损坏严重(图 6-11),更换修复的一级排气阀回装排气阀盖。

图 6-11 阀片(左)和减震垫片(右)

(3)用同样方法拆解 4 号排气阀,情况相同,更换阀片和垫片,然后回装排气阀。

(4)解除隔离锁定试压,用泡沫检测无泄漏后,启机试运转正常,1 号和 4 号排气阀温度分别为 84.5 ℃和 83.6 ℃,TE-215A 温度为 77 ℃,均正常。

4. 教训或建议

(1)排气阀为低速重载运动部件,做好日常的润滑保养工作。

(2)做好库存备件的管理,对于气阀等易损部件要做好安全库存。

(3)加强观察,研究规律,制定合理措施,避免类似事件再次发生。

案例 19　燃气压缩机出口冷却管线泄漏导致排气高温停机故障

设备名称:燃气压缩机　设备型号:RAM52

1. 故障现象

2010 年 10 月 12 日,燃气压缩机运行时,排气高温导致机组停机。

2. 故障原因

海水管线腐蚀,导致冷却海水漏失,导致排气高温故障停机。

3. 分析过程及检修措施

(1)启动备用机 B 机,然后停 A 机,关闭海水进出口阀。

(2)拆卸短节,发现法兰焊接处已穿孔,密封面完全锈蚀,已无法使用。

(3)观察一级温度控制阀阀芯处于常开状态,决定废弃该短节,将接口加盲板,暂时不使用该海水冷却器旁通流程,待短接制作好后,重新安装该短接,启用冷却器旁通流程。

(4)盲板安装,开海水阀试压检漏正常。

4. 教训或建议

(1)建议改造海水冷却管线,取消自动温控阀,简化流程,彻底消除该隐患。

(2)对于海水管路及其部件在选型时,要特别注意材质的选择,要选择耐海水腐蚀的材料,或有相应的耐海水腐蚀的措施。

案例 20　燃气压缩机 B 机流量开关损坏故障

设备名称:数字物流量时器 DNFT　设备型号:RAM52

1. 故障现象

2010 年 12 月 17 日,燃气压缩机 B 机因滑油低流量开关 FS-206B 报警,故障停机。

2. 故障原因

流量开关故障,磁杆底部弹簧断裂,且受压变形。

3. 分析过程及检修措施

(1)现场确认滑油温度过低,手动压动注油泵,油分配器出口滑油黏度较大,流动性差。

（2）现场滑油流量开关拆卸，并做好标记。

（3）拆卸滑油流量开关磁极棒及弹簧，检查开关磁杆，发现已经损坏。

（4）利用以前损坏的流量开关，拆卸其弹簧，组装成一个完好的流量开关。

（5）恢复磁杆及 DNFT 的安装，手动试验，正常。

（6）由于滑油温度只有 3.6 ℃，手动启动滑油泵，直至滑油油温加至 38 ℃。配合工艺操作启机，启机正常。

4. 教训或建议

（1）加强对油品的维护，尤其在冬天气温低，要选择合适的滑油，并做好伴热和保温措施。

（2）对于流量开关做好充足的备件，加密对其 PM 检查，根据实际情况及时更换易损部件。

案例 21　燃气压缩机滑油分配模块故障

设备名称:燃气压缩机　设备型号:RAM52

1. 故障现象

2011 年 10 月 3 日，压缩机运行中，滑油流量低低关断。

2. 故障原因

滑油分配器模块柱塞卡涩，磨损严重。

3. 分析过程及检修措施

（1）首先根据报警信息判断为注油器滑油回路故障。检查滑油分配器入口滤网，对滤网进行清理。

（2）拆卸注油器出口滑油管线，手动按压注油器，检查注油器出口有无滑油流出，判断注油器是否损坏。有滑油流出，说明注油器正常。

（3）检查滑油流量开关，依据图纸，接点信号为 NO(常开)点，测量正常为 24 V。拆卸开关检查磁性感应杆，无断裂，内部弹簧无断裂，均正常。检查开关内部电池模块，正常应为 2.5 V，测量其电源为 2 V，且电源输出电源不稳定，判断其电池为虚电，更换新电池，测量正常。

（4）拆卸注油分配器出口滑油管线，手动按压注油器，检查发现滑油注入点无滑油流出。

（5）拆卸、检查滑油注入管线没有脏堵现象。由此判断滑油分配器模块有故障。逐个拆卸检查滑油分配器模块，发现有滑油分配器模块存在卡涩、活动不灵活现象。

（6）更换滑油分配器模块单元。手动按压滑油注油器，滑油注入点管线有滑油流出,滑油流量开关能够自动复位,说明注油器滑油回路正常。

(7)回装注油器滑油管线。整体检查压缩机管线连接情况。

(8)试运行压缩机,设备运行正常,各项参数正常。

4. 教训或建议

(1)按时巡检,发现设备有异常情况及时通知相关专业。

(2)优化安全库存,保证滑油回路各部件的合适库存量。

(3)对滑油的品质进行检验,判断其内部是否杂质过多。

案例 22　燃气压缩机滑油流量低导致气阀损坏故障

设备名称:燃气压缩机　设备型号:RAM52

1. 故障现象

2011 年 10 月 24 日,启动压缩机 A 机试运转时,运转 2 h 后,出现滑油流量低现象,随即温度探头 T216 高高报警停机。

2. 故障原因

压缩机活塞头段和末段(铝合金材质)均有划伤,滑油流量低流量开关故障,注油泵故障、滑油黏度大,2 号排气阀阀片断裂,4 号排气阀断裂。

3. 分析过程及检修措施

(1)检查注油器和一级、二级 6 个注油点发现油流很小,更换与注油器相连的柱塞式油泵一台,更换后手动注油。

(2)更换检修后的滑油最小流量开关一个,拆开 6 个注油点手动注滑油,各注油点有大量滑油流出,回装后启机,注油时间间隔为 20 s 一次,注油量正常。

(3)检查一级气缸 2 号、3 号排气阀,发现减振垫片损坏严重,活塞头端有严重划伤。

(4)拆卸进气和排气共 8 个气阀,将缸盖拆出,抽出一级活塞和活塞杆,发现活塞头段和末段(铝合金材质)均有划伤,活塞中段和活塞环、支撑环没有磨损,气缸壁没有划伤,摩擦完好,用锉刀和砂纸修复活塞两段后,回装进气和排气阀,启机运转正常。

4. 教训或建议

(1)按时检测气阀温度,及时更换故障气阀,避免造成更大程度损坏。

(2)对滑油的品质进行检验,判断其内部是否杂质过多,是否由于杂质影响运动部件的寿命。

(3)加强对排气阀的 PM 及备件管理。

案例 23　燃气压缩机驱动电机高振动停机故障

设备名称:燃气压缩机　设备型号:RAM52

1. 故障现象

2012 年 6 月 30 日,压缩机驱动电机振动高高报警,导致压缩机停机。

2. 故障原因

电机振动探头内部接线端子松动,导致开关触点动作。

3. 分析过程及检修措施

(1)库房准备备用压缩机探头。查看端子图,在控制盘内部找到电机振动探头端子,拆掉端子,用胶绝缘带包好。

(2)检查压缩机驱动电机振动探头内部,发现振动开关内部接线端子松动,导致闭点断开。

(3)重新用电工胶带对探头内部电缆进行包扎。恢复仪表接线端子,对端子进行紧固后恢复探头。

(4)启动压缩机试运转,设备运行正常后,正常外输,给透平供气。

4. 教训或建议

利用备用机停机时间,对备用机组的检查维护要做精做细,对每个仪表部件及控制柜的端子进行紧固。

案例 24　压缩机燃气发动机 ECU 控制单元控制逻辑混乱故障

设备名称:天然气压缩机　设备型号:发动机 WAUKESHAL5794GSI ESM

1. 故障现象

发动机具备启动条件。依照正常的启动逻辑,只有在按下压缩机启动按钮、压缩机进行自检吹扫之后,燃气驱动回路的控制启动气的电磁阀打开,发动机才通过燃气驱动方式开始启动、点火、运行。然而在没有按下启动按钮的情况下,打开天然气压缩机 A 机启动气流程的手动球阀后,发动机却进入启动程序,造成启动马达和机组损坏。

2. 故障原因

(1)直接原因:控制启动气进入发动启动流程的启动气电磁阀 SV-2515A 意外得电打开。电磁阀电路图如图 6-12 所示。

（2）间接原因：安装在发电机上的 ECU 发动机控制单元控制箱进水，导致固态继电器故障。控制启动电磁阀 SV-2515A 的固态继电器的常开触点闭合，造成电磁阀 SV-2515A 在没有接到 ECU 控制模块指令的条件下得电打开（图 6-12），启动气送往发动机，发动机轴受燃气驱动开始转动。

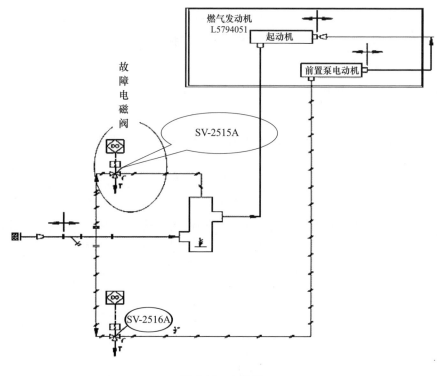

图 6-12　电路图

3. 分析过程及检修措施

（1）确认驱动气源管路电磁阀 SV-2515A 的指令来源，用电脑连接 ESM 发动机控制模块，通过在线监测方式确认 ESM 模块是否发出了发动机启动的指令。电脑联机成功后观察 F3 START-STOP STATUS 中 STARTER 状态，显示为 OFF，由此确认，ESM 并没有发出发动机启动指令。

（2）造成 SV-2515A 异常带电的原因来自 ECU 配电箱模块，此模块给 ESM 提供电源，安装有中间固态继电器，接受来自 ESM 模块的指令，然后用于驱动启动气路电磁阀。

（3）打开 ECU 配电箱模块（图 6-13），发现箱内有积水，清除，继续检查配电箱内固态继电器状态显示盘上指示 STARTER/ASV 指示灯亮，相应固态继电器动作，造成 SV-2515A 异常带电。

由此判断,由于 ECU 配电箱进水受潮,造成控制启动气的中间固态继电器异常带电。

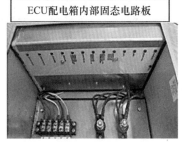

图 6-13　ECU 配电箱内部固态电路板

4. 教训或建议

定期检查设备各接线箱,对其端子紧固情况、密封情况和干燥情况进行检查。

案例 25　中压压缩机排烟温度探头故障机组无法启动故障

设备名称:中压压缩机　设备型号:WAUKESHA

1. 故障现象

中压压缩机排烟温度探头 TE-2555A 故障,显示超量程状态,无法满足启机要求。

2. 故障原因

(1)直接原因:中压压缩机排烟温度探头 TE-2555A 接线松动,造成无法启动。

(2)间接原因:机组长时间运转振动,造成接线松动。

3. 分析过程及检修措施

(1)现场拆卸 TE-2555A,检查探头无损伤,检查探头探测位置温度在 25 ℃。

(2)检查现场控制盘内接线无松动情况。

(3)检查中间接线箱,发现 TE-2555A 接线松动,造成模拟量输入模块无法检测到实际温度,重新紧固接线,温度显示恢复正常。

4. 教训或建议

在运转设备及振动频率高的地点,电气仪表接线易出现端子松动情况,在日常维护保养工作中要重点关注这些部位,定期进行紧固。

案例 26　中压压缩机 B 机一级气缸出口温度探头损坏故障

设备名称：中压压缩机　设备型号：WAUKESHA

1. 故障现象

2010 年 8 月 30 日 01:20,中压压缩机 B 机一级气缸出口温度探头故障,显示高高报警,造成机组高高温报警停机。

2. 故障原因

(1)直接原因:中压压缩机 B 机一级气缸出口温度探头白色信号线松动,引发机组高高温停机。

(2)间接原因：机组长时间运转,热电阻信号线长期处于高温高振动环境,且信号线很细。

3. 分析过程及检修措施

(1)现场拆卸一级气缸出口温度变送器表头,检查接线无松动,万用表测量探头端无阻值,判断探头端故障。

(2)检查探头端接线,白线信号线接线断开,拆卸下信号线的线鼻子,将信号线直接缠绕在螺丝上固定,并将另外 2 根信号线的线鼻子去掉改为直接缠绕在螺丝上固定。

4. 教训或建议

在运转设备及振动频率高的地点,电气仪表接线易出现端子松动情况,在日常维护保养工作中要重点关注这些部位,利用机组倒机的机会及时做好检查。

案例 27　伴生气压缩机二级液位变送器跳变导致停机故障

设备名称：伴生气压缩机　设备型号：Ariel JGR/4-3

1. 故障现象

2010 年 10 月 11 日 14:25,伴生气压缩机 A 机二级分液罐液位高关停,检查现场实际液位高 415 mm,正常,由于二级分液罐液位变送器质量存在问题,出现瞬间跳变,导致二级液位高,从而导致停机。

2. 故障原因

(1)直接原因:二级液位变送器 LT-2503 检测液位高高关停。

(2)间接原因:伴生气压缩机上的该型号液位变送器存在质量不可靠的问题,已出现多次因液位变送器自身原因造成压缩机停机,二级液位变送器 LT-2503 同样存在质量问题,出现跳变,导致液位高高停机。

3. 分析过程及检修措施

(1)检查现场液位 415 mm,正常,没有达到高高关断值。

(2)检查液位变送器 LT-2503,并进行标定测试。

(3)检查液位变送器到控制盘的接线。

(4)重新启动机组,运行正常。

4. 教训或建议

由于伴生气压缩机采办的液位计存在质量问题,建议更换其他类型液位变送器。

案例 28　中压压缩机 C 机温度变送器高温报警停机故障

设备名称:中压压缩机　设备型号:WAUKESHA

1. 故障现象

中压压缩机 C 机温度变送器 TIT-2501 探头高温报警,引起 C 机控制系统关断,造成 C 机停车。

2. 故障原因

(1)直接原因:探头传感器断线,使变送器报高温,造成 C 机停车。

(2)间接原因:机组上温度探头安装位置振动大,温度传感器接线过细,线鼻子尺寸过大,压线时易造成线损伤。

3. 分析过程及检修措施

(1)现场检查故障停机报警,确定停车原因是 TIT-2501 高温报警。

(2)断电后检查探头接线,发现温度探头有一根线在端子处断开。

(3)对断开的线重新接好,检查后送电,控制盘上相应的温度显示正常。

(4)对机组进行检查后,重新启机,并观察。

(5)此后对中压 C 机加密巡检,没有再次发生故障。

4. 教训或建议

(1)进行预防性维护时对温度探头加强关注。

(2)采用合适的线鼻子或直接接在端子上,紧固力度适中。

(3)保证相关备件合适的安全库存。

案例 29　中压压缩机液位变送器冻堵导致停机故障

设备名称:中压压缩机　设备型号:WAUKESHA

1. 故障现象

中压压缩机 C 机二级洗涤器液位变送器 LIT-2504 液位高高报警,引起 C 机关断停车。

2. 故障原因

(1)直接原因:差压式液位变送器冻堵,使变送器液位高高报警,造成 C 机停车。

(2)间接原因:该液位计法兰处没有伴热保温,环境温度低于 0 ℃造成液位计冻堵。

3. 分析过程及检修措施

(1)现场检查故障停机报警,确定停车原因是 LIT-2504 液位高高报警。

(2)现场查看 LIT-2504 液位计为差压式变送器,法兰取压、法兰处没有伴热和保温。

(3)查看差压变送器处于超量程状态,因当时北风 8 级,温度为－8 ℃,怀疑是法兰处冻堵。

(4)用电吹风给法兰处解冻后,差压变送器示值逐渐下降直到恢复正常。

(5)给该液位计增加伴热保温后启机,机组运转正常。

4. 教训或建议

(1)对仪表设备的伴热保温情况进行检查,液位计法兰和压力变送器取压管线均要伴热保温到位。

(2)入冬前要充分做好伴热保温的排查和恢复工作。

案例 30　中压压缩机 C 机径向振动开关高报停机故障

设备名称:中压压缩机　设备型号:WAUKESHA

1. 故障现象

中压压缩机 C 机径向振动开关报警,引起 C 机关断停车。

2. 故障原因

(1)直接原因:径向振动开关报警,引起 C 机关断停车。

(2)间接原因:中压压缩机 C 机提高了发动机转速,做功增大,机组振动也较以前略大。

3. 分析过程及检修措施

(1)现场检查故障停机报警,确定停车原因是径向振动开关报警。

(2)现场查看径向振动开关实际已动作,排除电缆方面问题。

（3）用 10 寸活扳手敲击振动开关对开关进行功能测试，开关工作正常。

（4）由于机组高振动停机前不久，生产人员提高了发动机转速，做功较以前大，机组振动也较以前略大，分析可能是振动开关原来的设定值较小，增大做功后，振动增大，开关设定值不满足调整后的工况。

（5）将该振动开关顶部螺丝顺时针旋转了 360°，提高了振动开关高报值，降低了振动开关灵敏度，用活扳手测试实际灵敏度比调整前略低。

（6）重新启动机组，机组运转正常。

4. 教训或建议

调整机组工控时注意其他相关参数是否需要作出相应调整。

案例 31　中压压缩机 C 机入口冻堵导致压力高高关停故障

设备名称：中压压缩机　设备型号：WAUKESHA

1. 故障现象

中压压缩机 C 机一级入口压力 PIT-2501HH 报警，机组停机。

2. 故障原因

（1）直接原因：中压压缩机 C 机入口压力 PIT-2501HH 高高报警停机。

（2）间接原因：机组回流阀处于自动状态，回流阀开度为 1％～4％，易形成水化物造成冻堵。

3. 分析过程及检修措施

（1）检查中压压缩机一级入口 PIT-2500 及 PIT-2501，检查变送器接线无松动情况。

（2）检查回流阀控制接线无松动情况，检查气源压力均正常。

（3）检查机组停机时，入口缓冲罐 V-2501 PIT-2501A 压力 1500 kPa，正常。

（4）检查燃料气分液罐 V-3102 压力变送器 PIT-3153 压力 500 kPa，正常。

（5）隔离放空入口变送器引压管线，发现有不畅通的现象，拆检后发现内部有疑似水化物。检查回流阀阀体伴热保温正常。

4. 教训或建议

调整回流阀开度，防止高差压下形成水化物，对于天然气高差压流程处做好伴热保温，防止冻堵后回流阀增大开度后造成入口高压情况。

案例 32　中压压缩机 C 机温度跳变导致停机故障

设备名称：中压压缩机　设备型号：WAUKESHA

1. 故障现象

中压压缩机 C 机温度变送器 TE-2501C 温度跳变,引起 C 机停机。

2. 故障原因

(1)直接原因:探头传感器线路绝缘磨损,造成变送器输出 bad 值,造成高温报警。

(2)间接原因:机组上温度探头安装位置在压缩气缸,处于高振动区域,温度探头接线与底座之间磨损较严重,造成线路破损。

3. 分析过程及检修措施

(1)现场检查压缩机报警,确定原因是 TE-2501C 高温报警。

(2)打开温度变送器检查,发现温度探头有一根线疑似绝缘皮磨损。

(3)仔细观察,确认此处接线绝缘皮磨损,芯线与底座接触,对此处缠绕电工绝缘胶带,控制盘上相应的温度显示恢复正常。

4. 教训或建议

(1)进行预防性维护时对温度探头要特别关注。定期对设备的接线等做好预防性检查维护。

(2)保证相关备件合理的安全库存。

案例 33 因操作不当导致中压压缩机一级洗涤器液位高高报警停机

设备名称:中压压缩机 设备型号:WAUKESHA

1. 故障现象

中压压缩机 A 机一级入口洗涤器液位高高报警,造成 A 机停机。

2. 故障原因

(1)直接原因:中压压缩机 A 机一级入口洗涤器液位高高报警。

(2)间接原因:断塞流捕集器去火炬调节阀 PV-1512A 后面的球阀被关闭,造成断塞流捕集器压力达到 2000 kPa,中压压缩机 A 机一级入口洗涤器不能正常排液,液位升高从而造成液位高高报警关停。

3. 分析过程及检修措施

(1)检查中压压缩机一级入口洗涤器液位确实处于高高状态。

(2)检查中压压缩机一级入口洗涤器排液一路的 SDV 和调节阀均处于正常开启状态。

(3)询问中控确认段塞流捕集器压力在 2000 kPa 左右,而一级洗涤器入口压力仅为 1400 kPa,一级洗涤器液相无法排液进入段塞流,由此判断是因为段塞流捕集器压力过高造成无法正常排液。

(4)将洗涤器的排液流程倒为去闭排,洗涤器液位可以正常排放。

(5)现场检查发现断塞流捕集器去火炬的调节阀 PV-1512A 后面的球阀被关闭,打开阀门后,断塞流捕集器压力逐渐下降至正常值。

4. 教训或建议

(1)部分设备(如断塞流捕集器)的报警值仍然按照设计工况设定的,没有根据实际工况做相应调整,造成断塞流捕集器压力升高后没有及时发现,下一步对所有非设计工况的设备报警值进行梳理调整。

(2)断塞流捕集器凝析油转液时,去火炬一路的调节阀出口球阀需要临时关闭,但转液完毕后没有及时恢复,同时井口岗白/夜班人员交班没有交代清楚,下一步需要完善凝析油转运的相关操作程序,同时完善工艺班组白/夜班的交接班制度。

案例 34　伴生气压缩机 B 机启动故障

设备名称:伴生气压缩机　设备型号:Ariel JGR/4

1. 故障现象

2011 年 9 月 23 日 00:10,伴生气压缩机 B 机停机,工艺操作人员重新启机带载后,运行几分钟后,在无任何报警情况下电机停机,反复启机 3 次均是此现象。

2. 故障原因

(1)直接原因:伴生气压缩机 B 机无油流开关 VS-2502 报警,导致压缩机运行 120 s 后,报警停机。

(2)间接原因:无油流开关 VS-2502 电池没电,导致该开关一直报警,无法复位。

3. 分析过程及检修措施

(1)初步怀疑是 MCC 间的压缩机电机配电柜存在问题,随后对该电机配电柜进行检查。

(2)检查抽屉无异常,同时查看电路图,电机抽屉到现场控制盘有 5 组线,其中 2 组是控制盘发出的电机启停的信号线,2 组是反馈给控制盘电机的状态信号,还有 1 组是电机过载传输给控制盘的信号,随后进行与控制盘的校线及端子紧固,均未见异常。

(3)为判断究竟是电机抽屉部分问题还是控制盘程序触发的停机,电气断开了控制盘停电机的信号线,再次启机测试,此次带载时间不长仍无任何报警,电机没停,回流阀突然全开,由此判断还是控制盘内存在问题。

(4)查看 PLC 程序,输出电机停止信号的点在 MOTOR 模块里面,请教了中压压缩机厂家,看出能够触发此信号的只有 2 个点,一是电机过载信号,二是 ESD 回路的报警信号。为了确认报警来源,再次启机,在机组停机时不复位马上保存在线程序,通过看此时在线程序,发现无油流开关 VS-2502 报警,此程序是延时 120 s 触发 ESD 关断指令。

(5)现场检查无油流开关,发现 VS-2502 显示屏不亮,初步怀疑是电池没电了,拆下电池(普通 5 号电池),测量电池两端电压为 0.3 V,正常电压为 1.5 V。

(6)更换电池后,进行注油测试,开关恢复正常,启机后正常。

4. 教训或建议

(1)定期对滑油无油流开关电池进行更换,目前两台低压压缩机的 4 个无油流开关电池已经更换完毕。

(2)由于机组开始故障停机时是无油流报警,但操作人员根据经验判断认为是其他原因造成的,就直接启机了,此后由于该报警一直没复位,且启机延时 120 s 才关断,所以造成了判断的误区。

(3)振动开关、无油流开关、滑油低液位等相关报警在触摸屏有专门的展示画面,但平时很少调取和查看该画面,只关注压力和温度,因此,以后启机前同样要查看这些信号是否正常。

案例 35　低压压缩机 A 机滑油液位低低关断故障

设备名称:低压压缩机　设备型号:JGR/4-3

1. 故障现象

2011 年 11 月 2 日 16:00,低压压缩机 A 机的滑油液位低低报警导致机组关断。经现场确认滑油液位已低于下限。

2. 故障原因

(1)直接原因:滑油液位低低,且未及时发现。

(2)间接原因:天气转冷,滑油的黏度增大,液位计引流管入口有附着物,通过性变差。

3. 分析过程及检修措施

(1)现场检查:伴热温度正常,油路畅通,液位偏低且滑油黏度偏大。补油箱出口滤网无明显脏堵,但有绒毛状异物附着。

(2)清洁补油管路滤网。

(3)拆卸液位计,对进油通道及补油口进行清洁。

(4)清洁整个补油管路。

(5)补充滑油。

4. 教训或建议

(1)定期清洁补油管路滤网,适当提高油箱加热器温度,增加滑油流动性。

(2)运转几日后再对滤网进行检查,适当时对整个补油箱进行清洁。

(3)对操作人员进行现场培训,加强巡检质量,如发现液位低于绿色指示下线,应及时补液并通知机械、仪表人员现场检查。

案例 36　中压压缩机 B 机发动机气缸温度高高关停故障

设备名称:中压压缩机　设备型号:WAUKESHA

1. 故障现象

中压压缩机 B 机发动机气缸温度 TE-2539 从负值到满量程间跳变,造成 B 机停机。

2. 故障原因

(1)直接原因:TE-2539 跳变,造成机组因温度高高关停。

(2)间接原因:TE-2539 从探头到 PLC 的 AI 卡件,中间通过接线箱、端子排连接。机组运转时高振动导致端子间存在虚接现象,从而导致 TE-2539 从负值到满量程跳变,超过温度高高设定值时,造成机组关停。

3. 分析过程及检修措施

(1)查看现场控制屏,存在 TE-2539 温度值从负值到满量程间跳变的现象。

(2)检查该探头安装处的接线盒,测量探头阻值为 12 Ω,与邻近的温度探头阻值相差不大,检查端子紧固情况,未发现有松动现象。

(3)检查现场控制盘内部接线端子,发现有接触不良现象,测量电阻值也与邻近的温度探头相近,都为 16 Ω 左右,比现场测量值偏大。

(4)对该端子上的 TE-2539 信号线进行重新接线紧固,发现 TE-2539 恢复正常。

(5)由此判断,由于机组运行高振动,导致 TE-2539 接线端子间存在虚接现象,致使 TE-2539 跳变。

4. 教训或建议

(1)对于大型机组,停机后进行维护保养、润滑、活动试验及接线紧固是非常必要的。

(2)进一步落实好日常巡检工作,发现机组参数不正常时,应立即向相关专业人员汇报。

案例 37　低压压缩机 A/B 机程序设计缺陷故障

设备名称:低压压缩机　设备型号:Ariel JGR/4-3

1. 故障现象

2012 年 5 月 31 日,低压压缩机 A/B 机控制盘断电,导致低压压缩机 A/B 机停机,但是电机并没有停止运行,机组处于空载运行,控制盘重新送电后,电机才停止运行。

2. 故障原因

低压压缩机程序设计有缺陷,未考虑 220V 压缩机就地控制盘供电系统失电,而驱动电机 6.3 kV 供电系统未失电工况下,驱动电机仍能空载运转,这给系统运行带来不安全因素。

3. 分析过程及检修措施

(1)对低压压缩机 PLC 程序进行检查,并核对电气开关柜接线图,发现原低压压缩机控制盘发送至 MCC 电气开关间的启停信号为两组线,一组为启动信号,另一组为停止信号。

(2)当输出启动信号为 1、停止信号为 0 时,K11 继电器得电使得常开点闭合,开关柜收到启动电机的闭合信号,电机启动。当输出启动信号为 0、停止信号为 1 时,K16 继电器得电使得常开点闭合,开关柜收到停止电机的闭合信号,电机停止(图 6-14)。

图 6-14　继电器电路图

(3)当控制盘断电时,PLC 及所有控制盘内继电器都会失电,那么当 K16 失电时,K16 常开点不能闭合而发出停机信号,此时 MCC 配电柜未收到停电机的跳闸信号,电机不会停止。

(4)对 PLC 程序进行更改,将逻辑更改为:当启动电机时,输出启动信号为 1、停止信号为 1。当停止电机时,输出启动信号为 0、停止信号为 0(图 6-15 和图 6-16)。

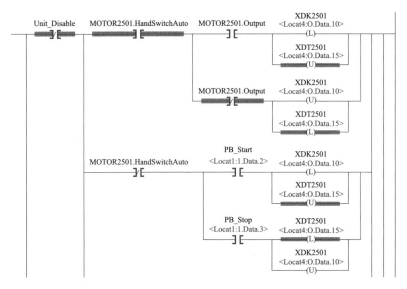

图 6-15 原始 PLC 程序

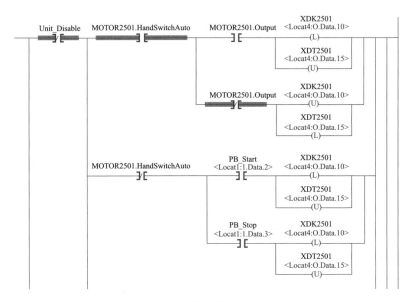

图 6-16 修改后 PLC 程序

(5)将 K16 接线从一组常开点变为常闭点,此时当启动电机时,MCC 开关柜收到启动信号为 1、停止信号为 0。当停止电机时,MCC 开关柜收到启动信号为 0、停止信号为 1。

（6）当控制盘失电时，K16继电器失电，此时常闭点信号输出停止信号为1，与更改之前逻辑相同，这样在不更改电气开关柜的情况下，完成了低压压缩机逻辑的更改。

4. 教训或建议

（1）加强学习，熟练掌握设备的控制系统核心，才是提高解决问题能力的根本。

（2）对已经经过长期运行的程序也要保持谨慎推敲的态度，才能从中发现细节问题。

案例38 天然气压缩机压力变送器冻堵停机故障

设备名称：天然气压缩机　设备型号：RAM52

1. 故障现象

2013年2月8日00:38，天然气压缩机停机，报警信号为ESD222（来自外部的ESD关断信号）。如不及时处理，低压井关井后存在停喷的风险。

2. 故障原因

（1）直接原因：天然气压缩机接收到外部ESD信号产生关停。

（2）间接原因：BOP海水泵出口压力变送器冻堵，进而产生高压关断信号。

3. 分析过程及检修措施

（1）天然气压缩机报警停机后，仪表人员到达现场检查确认报警信号为ESD222。分析有以下几种原因造成此关停的原因：

① 信号误动作报警。

② 平台高级别关断报警。

③ 单体设备关断信号。

（2）首先对压缩机报警信号进行复位，但按下复位按钮后，ESD222无法复位，打开压缩机接线盒对引入信号线进行检查确认，无松动现象。

（3）通过现场检查确认信号为真正的关断信号，仪表人员在中控操作站上进行报警检查，发现海水压力PT-4001高高压导致海水泵停泵，触发压缩机停机信号。

（4）打开中控操作站的ESD关断逻辑图查看PT-4001，确认实时压力为1500 kPa，而关断压力设定值为1000 kPa。通过逻辑图分析此次机组关停是由压力变送器高压造成。

（5）仪表人员对现场压力变送器进行检查，发现压力变送器的引压管线冻堵，解堵后变送器工作正常，中控进行ESD复位后，天然气压缩机现场控制盘也进行报警复位，重新启动压缩机，投入正常运行。

4. 教训或建议

（1）冬季降温情况下加强现场仪表的保温伴热检查。

(2)认真落实好冬季九防的各项检查维护工作。

案例 39　天然气压缩机 B 机发动机控制模块 ECU 故障

设备名称:天然气压缩机　设备型号:WAUKESHA　L5794GSI ESM

1. 故障现象

2011 年 11 月 24 日 12:15,天然气压缩机 B 机无油流开关报警停机,经排查之后重新启动,当机组吹扫结束,操作人员在屏幕上"start"启动后,机组报警 prelube pump or ECU Fail(预润滑泵或 ECU 故障),现场确认预润滑泵运行正常。检查 ECU,发现 ECU 上电源、报警、关断灯均不亮,发动机故障不能启动。

2. 故障原因

(1)直接原因:ECU 故障,无法执行压缩机控制盘发来的启动命令。

(2)间接原因:ECU 的配电箱(PDB)故障,无法给 ECU 供电。

3. 分析过程及检修措施

(1)查看压缩机控制盘电气图纸,测量控制盘输出至 ECU 供电的接线端子,发现控制盘输出至 ECU 的 24 V 直流电正常。

(2)打开 ECU 配电箱(PDB),用万用表测量接线端子 BATT＋、BATT－(从控制盘来电),有 24 V 直流电。

(3)查看发动机电气图纸,检查 ECU 电源端的电缆插头接口 J8 的 34(＋)、1(－),发现没有电压。由此可判断 ECU 内部的配电箱没有给 ECU 供电。

(4)检查配电箱内给 ECU 供电的排插接头 J2 的 28(＋)、23(－),发现没有输出 24 V,结合此时配电箱内 LED 7/1000 ECU-M PWR 电源灯不亮,判定为 ECU 内部电源模块箱故障。

(5)11 月 25 日上午,仪表人员自制临时供电电缆和插头,把压缩机控制盘的供电电源直接接到 ECU 上的电源插座 PO 的 34(＋)和 1(－)上,对供电回路相间电阻和绝缘进行测量,确认没有问题后送电,ECU 电源灯(POWER)变常绿,关断(SHUTDOWN)红色闪烁,状态正常,判定 ECU 没有问题,ECU 内部电源配电模块故障。

4. 教训或建议

(1)加强知识储备和技能练习,以应对紧急情况。

(2)加强备件管理,对于易损件备好库存。

第七章

其他大型设备故障案例

第一节　电动吊车故障案例

案例 1　电动吊车油路堵塞导致扒杆不能下放故障

1. 故障现象

电动吊车(设备型号:BCOC-10 t-20 m/3 t-28 m)扒杆不能下放。

2. 故障原因

电磁阀油路控制部件油路堵塞。

3. 分析过程及检修措施

(1)检查 PLC 扒杆下放 DO 输出通道 Q1.0 7 输出状态指示灯:常亮。

(2)检查继电器 KA08 线圈电压:24 V。检查触点(1014、1005)两线 220 V 输出正常。

(3)脱开扒杆下放电磁阀 6DT 出口油管接口,启动扒杆下放动作,观察油路出口情况:液压油出油量较小,怀疑油路有堵塞现象。

(4)对电磁阀 6DT 油路控制部件解体发现有一标签堵在油路中。

(5)清理完毕后回装,动作试验扒杆下放正常。

4. 教训或建议

(1)做好日常对油品的维护管理。

(2)增加或改造油滤网。

案例 2 电动吊车 PLC 不运行故障

1. 故障现象

2010 年 8 月 11 日,电动吊车控制器"RUN"灯闪烁,控制器没有输出,电动吊车无法运转。

2. 故障原因

(1)直接原因:控制器不运行,处在"STOP"状态。

(2)间接原因:电磁阀线圈为交流 220 V,线圈发热严重,导致控制盘短路跳闸断电。

3. 分析过程及检修措施

(1)通过电脑终端,进行 PLC 通信配置和连接,检查控制器运行状况。

(2)经过检查,控制器没有运行。启动控制器,更改 PLC 运行模式"RUN",控制器输出正常。

(3)PLC 运行后,输出正常,但吊车主钩下降动作不能执行,检查控制器输出没有问题,继电器状态正常。

(4)检查现场电磁阀状态,电磁阀未动作,判断原因,经检查电磁阀烧毁,控制盘短路跳闸,更换后工作正常。

(5)由于电磁阀经常烧毁,鉴于备件数量有限,副钩暂时没有安装电磁阀,仅仅使用主钩。

4. 教训或建议

改造吊车控制系统电磁阀,由交流 220 V 改造成直流 24 V。

案例 3 电动吊车运行期间电机停止故障

1. 故障现象

2010 年 9 月 30 日,据吊车司机反映,吊车正常运行期间电机频繁启停,不能控制吊车操作。

2. 故障原因

控制回路 KA0 继电器及底座接触不良,有虚接现象,导致电机频繁启停。

3. 分析过程及检修措施

(1)检查主回路所有部件及接线,正常。

(2)启动电动吊车,运行正常。

(3)检查控制回路所有器件及接线,未发现异常松动。

(4)KA0 继电器检查过程中出现频繁得电和失电,判断该继电器工作不正常。

(5)更换该继电器及底座。

(6)送电启机,系统恢复正常。

4. 教训或建议

对吊车的继电器做好充足的备件,并在项目管理中加强对继电器的检查。

案例 4 电动吊车控制继电器和电磁阀烧毁故障

1. 故障现象

2011 年 2 月 28 日,电动吊车吊臂能下降,不能进行上升操作。

2. 故障原因

(1)直接原因:控制该操作的继电器和电磁阀线圈烧毁。

(2)间接原因:控制该操作的继电器和电磁阀线圈为 AC 220 V,经常烧毁,导致控制盘内电气元件短路跳闸断电。

3. 分析过程及检修措施

(1)到现场首先确定故障现象,分析故障可能的原因为继电器故障、继电器底座故障、控制该操作的电磁阀故障。

(2)打开吊车副控制柜,检查 PLC 是否有故障报警,检查发现无报警。

(3)测量控制吊臂上升的继电器各引脚通断情况,发现供电 DC 24 V 正常,但 AC 220 V 供电的常开触点在通电下应闭合,使得该触点电压为零,检查发现仍为 AC 220 V,分析可能继电器不能吸合。拆下继电器,检查继电器各引脚,常开触点是否常开,常闭触点是否断开,检查发现触点均正常。

(4)随后分析可能在继电器底座存在故障,拆下底座,发现里面有黑色印迹,怀疑底座已烧,拆开底座,发现里面已经全部烧黑,线路已断开,更换底座,并挨着检查 KA1—KA12 这 12 个继电器底座是否存在类似情况。

(5)更换底座完成后,装回继电器,启动吊车,吊臂仍然不能上升,但触点状态已正常,AC 220 V 电压常开触点已经闭合,分析故障可能为电磁阀线圈。

(6)调换控制升降的两个电磁阀线圈,并重新启动吊车,观察吊臂动作情况,发现吊臂能上升而不能下降,证明电磁阀线圈存在故障,需更换。找到相同型号的电磁阀线圈,更换掉已烧坏的线圈,注意此操作应在切断电源的情况下完成,以避免造成人员伤害。

（7）更换上新的电磁阀线圈后,合上电源开关,发现 AC 220 V 盘内供电总开关自动切断,证明线路存在短路情况,造成电流过大,致使开关自动跳闸。

（8）检查线路,并依次排除,发现故障原因为控制吊车吊臂下降的继电器插入电路中,导致开关跳闸。怀疑控制下降的继电器底座也存在烧坏的现象。拆卸该继电器,更换上新的继电器及底座,合闸,系统正常。

（9）联系吊车司机进行相关操作,看是否存在异常情况,经检查发现吊车已能正常工作,维修完成。

4. 教训或建议

改造吊车控制系统电磁阀,由 AC 220 V 改造成 DC 24 V。

案例 5　电动吊车 PLC 故障

1. 故障现象

2010 年 3 月 17 日 05:10,钻井吊车司机反映 WHPA 平台 20 t 吊车扒杆不能启动。仪表师到 WHPA 平台 20 t 吊车上查看,系统启动后做变幅升扒杆操作时扒杆没有反应,放主、副钩操作同样也没有反应,左右回转功能正常。

2. 故障原因

PLC 输出故障,正负极均为 DC 24 V,导致继电器不能吸合,控制变幅和主、副钩操作的电磁阀不得电不能动作。

3. 分析过程及检修措施

（1）根据现场实际情况,左右回转操作时系统压力能够建立,基本排除液压油路故障可能。

（2）查看电气原理图,控制变幅和主、副钩操作的继电器为 K1、K2、K3、K4、K5、K6,继电器去电磁阀的正极线号为 300、302、304、306、308、310,用万用表对地测量均为 0 V。

（3）继续对继电器上口接线检查,K1、K2、K3、K4、K5、K6 相对应的负极线号为 Y2、Y3、Y4、Y5、Y6、Y7 的端子对地为 24 V。

（4）该负极电压为 PLC 的输出,判断为 PLC 的输出故障,将 PLC 重启后此故障消除。

4. 教训或建议

每月对吊车进线保养时要打开控制盘检查各个状态灯的状态是否正常,对接线进行紧固。

案例 6 电动吊车角度仪故障

1. 故障现象

2012 年 7 月 29 日 10:10,电动吊车无法实现下变幅动作,现场力矩仪显示角度为 26°,而现场实际角度为 56°,PLC 输出为超载报警,造成 K13 无法吸合,致使吊车不能实现下变幅动作。

2. 故障原因

吊车长时间运转造成角度仪内部角度在 25°至 57°之间变送错误,造成角度显示、变送故障,进而导致超载。

3. 分析过程及检修措施

(1)对 PLC 进出线进行检查,未发现异常。

(2)对角度仪进行拆检,发现其内部水平锤动作灵活、工作正常。

(3)对角度仪内物位仪进行检查,外观未发现异常,测量输出亦未发现问题。

(4)对物位仪回装后工作正常,力矩仪显示、变送均正常。

(5)吊车司机继续往下爬杆,数值能随角度的变化正常下降。恢复 0°后继续往上提爬杆进行功能测试,当角度达到 54°左右后又出现之前的故障——画面显示 26°并显示超载,故判断为角度仪故障。

(6)为不影响使用,现场对超重输出继电器(K13)线圈进行强制,吊车司机通过现场角度指示器对角度进行判断,联系装备起重人员上平台对故障进行检修。

(7)厂家人员携带新的角度仪更换后,系统变幅测试均恢复正常。

4. 教训或建议

定期对现场设备进行 PM 测试。制定和完善现场仪表的维护保养制度。

案例 7 电动吊车力矩仪故障导致停机

1. 故障现象

2006 年 10 月 7 日上午,WHPB 在正常吊货作业后,吊车吊臂在下放过程中突然出现吊车大钩力矩仪重力 SENSER 报下限错误(代码:E12,报警代码如表 7-1 所示),导致吊车变幅下放无法动作,吊车处于超限强制停车状态。

2. 故障原因

力矩仪插头损坏,信号线折断。

表 7-1　报警代码一览表

正常报警代码		系统故障代码	
E01	角度上限报警	E12	主钩传感器下限故障报警
E02	角度下限报警	E22	主钩传感器上限过载故障报警
E03	无此工况	E13	小钩传感器下限故障报警
E15	角度上限预报警	E23	小钩传感器上限过载故障报警
E25	角度下限预报警		

3. 分析过程及检修措施

(1)首先让平台电工把大钩的重力 SENSER 信号线从控制箱内拆下,把小钩的重力 SENSER 信号线并在大钩上,给大钩模拟重量信号。使吊车能恢复运行,放下扒杆,恢复到安全状态。

(2)检查力矩仪信号控制板,用信号发生器给力矩仪信号控制板依次发出 0 t、1 t、5 t 等重量的模拟信号,吊车力矩仪信号控制板显示正常,由此判断故障点不是出在吊车力矩仪信号控制板上,而是可能在现场的传感器。检查吊车大钩力矩仪重力 SENSER,发现力矩仪插头损坏,信号线折断。

(3)考虑到小钩的重力 SENSER 安装位置相对平稳不易磨损,把小钩的插头拆下换到大钩上,并做了防护处理。大钩的报警消失可以正常使用。

(4)把坏插头做焊接处理后,装在小钩上,但出现小钩在空钩的情况下还是经常报 3.3 t 超重,且时好时坏,但从控制箱内发信号小钩显示正常。怀疑插头焊接处理时有虚接,于是把工作重点放在了小钩的重力 SENSER 接线上。把小钩的放大板拆下,检查外观和接线良好无损坏,接线重新焊接牢固。之后测试出现两种情况:如果吊车控制柜先上电,后插小钩 SENSER 插头显示吨位正常;如果先插上小钩 SENSER 插头,吊车控制柜后上电,则出现 3.3 t 报警。

(5)在小钩有超重报警时可能会出现吊臂升到上限位时,吊臂不能下降,吊车悬停,吊臂无法做变幅运动的现象。如果发生这种现象必须强制 PLC 输出才打开臂杆下降的油路电磁阀把吊臂放下来,比较危险。

(6)对吊车控制柜电路板进行检查,发现在 14(黄色线)、16(蓝色线)两个接线柱之间并接一个外形类似发光二极管的器件,管脚焊点虚接。

(7)对该器件重新焊接后,小钩信号恢复正常。对吊车进行吊装作业测试正常。

4. 教训或建议

定期对现场设备进行 PM 测试。制定和完善现场仪表的维护保养制度。

案例 8　电动吊车限位开关故障

1. 故障现象

2009 年 7 月 15 日,在利用吊车从滨海 207 拖轮往平台上吊放化学药剂罐时,吊车控制室内控制箱蜂鸣器报警,吊钩无法下放。

2. 故障原因

(1)吊车电源不正常(包括未送电、关断后未复位、通路连接问题)。

(2)操作者操作不当。

(3)异物卡住缆绳。

(4)主电机故障。

(5)起升液压马达故障。

(6)液压管线堵塞。

(7)吊钩下放较低,下限位开关动作。

(8)液压回路中液压组件(电磁阀、压力泄放阀、减压阀、梭阀等)故障。

(9)下限位开关故障,误判吊钩位置。

3. 分析过程及检修措施

(1)对吊车电源进行复位、送电操作,但故障现象依然存在,且除向下放钩以外,吊车的其他功能均可正常动作,排除故障原因中的(1)～(7)项。

(2)考虑到不能放钩的同时蜂鸣器故障报警,说明与限位开关对应的中间继电器 KA6、KA7 的常开触点中(副控制箱端子 253:206)至少有一个处于闭合状态,于是首先怀疑继电器 KA6、KA7 或者吊钩限位开关发生故障。为了进一步缩小范围,确定故障元件,遂将 KA6 摘除,发现报警声消失,证明报警是由 KA6 的动作引起。又因为 KA7 对应的动作可以正常实现,且没有引起报警,说明 KA7 状态正常。

(3)为了排除 KA6 损坏的可能,将 KA7 摘除,并安装到 KA6 对应的槽位上,发现继电器动作指示灯常亮,蜂鸣器报警,说明继电器动作的原因并不是因为继电器 KA6。查阅吊车电气图纸,找到对应端子(251:206),将此对端子挑开,用万用表测量其通断性,发现尽管吊钩处于很靠上的位置,但是此对触点始终处于常闭状态,说明吊钩下限位开关故障,导致吊车控制部分误动作,控制液压油路的电磁阀阻止吊车向下放钩。

(4)由于目前平台暂无此限位开关的备件,停用吊车会影响平台的正常生产,而在人员操作得当的情况下,吊钩下限位功能的摘除并不会产生任何事故,因此先将信号线 251 从继电器 KA6 上摘除,对吊车的下限位继电器进行旁通,待备件到货马上对其进行更换,保障油田的持续、安全生产。

4. 教训或建议

(1)加强日常保养力度,尽快申请相关物料。

(2)提醒吊车操作人员,吊车现存的问题,杜绝误操作。

第二节　柴油吊车故障案例

案例 9　柴油吊车限位失灵故障

1. 故障现象

柴油吊车主钩上、下限位故障,调整后限位跳变。

2. 故障原因

滚筒与限位开关控制盒主轴连接螺栓丢失。

3. 分析过程及检修措施

(1)拆开主绞车主钩限位开关盒盖,检查上、下限位凸轮,发现凸轮位置已发生偏移。

(2)松开上、下限位凸轮固定螺栓,检查主轴紧固部件,连接牢固。

(3)拆下限位开关控制盒,检查主轴与滚筒连接部件。

(4)检查中发现固定锁紧螺栓丢失,连接部件松动(图 7-1)。

(5)更换新固定螺栓,重新紧固。

(6)打开主绞车主钩滚筒护盖,查找松动滑落的螺栓,脱落入主绞车轴承座内。

(7)限位开关恢复,启动吊车调整上、下限位并锁紧紧固螺栓。

(8)反复动作试验几次后,柴油吊车恢复正常。

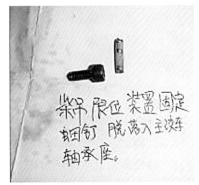

图 7-1　连接部件

4. 教训或建议

细化日常维护保养制度。定期对主钩以及主绞车滚筒上、下限位连接器紧固螺栓进行检查。

案例 10 柴油吊车变幅故障

1. 故障现象

柴油吊车变幅故障,变幅动作失灵。

2. 故障原因

液压控制系统继电器故障,造成变幅动作失灵。

3. 分析过程及检修措施

(1)现场检查控制盘,PLC 变幅指令已输出。

(2)检查变幅电磁阀,电磁阀线圈没有 AC 220 V。

(3)检查继电器 K5,继电器已动作。

(4)检查继电器输出,继电器输出开路。

(5)拆卸继电器检查,发现继电器底座接触不良。

(6)经维修,变幅恢复正常。

4. 教训或建议

日常的预防性维护对于接线和元器件的紧固工作一定要检查落实到位。

案例 11 柴油吊车副钩上限位故障

1. 故障现象

吊车副钩上限位报警。

2. 故障原因

限位开关漂移。

3. 分析过程及检修措施

(1)仔细检测控制接线箱,未见异常。

(2)打开滚筒限位开关的接线箱,也没有连接端子异常。

(3)动作试验,发现限位凸轮位置偏移(图 7-2)。

(4)收放副钩调整凸轮位置,故障消除。

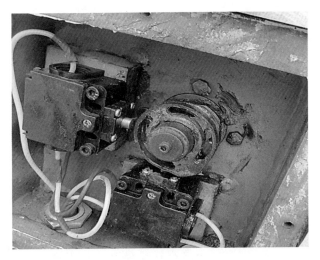

图 7-2　限位凸轮

4. 教训或建议

细化日常维护保养制度。定期对吊车上设备进行检查。

案例 12　柴油吊车限位开关不动作故障

1. 故障现象

限位开关动作不正常,起不到限位作用。

2. 故障原因

滚筒轴磨损,导致限位齿轮不随绞线滚筒旋转而旋转。

3. 分析过程及检修措施

(1)拆下限位开关接线箱,用螺丝刀拧紧各接线端子,并观察吊车使用时限位开关的动作情况,经观察限位齿轮不随绞线滚筒旋转而旋转。

(2)试验限位开关(上下限位触点),将其按下,在控制板上有相应显示,证明限位开关与控制板之间联系正常。

(3)拆除限位开关与绞线滚筒连接部分,擦去其中的润滑油,观察发现里面螺栓已断裂,且绞线轴滚筒表面已严重磨损,进而导致限位开关不随绞线滚筒旋转而动作。

(4)用胶布缠好现场导线,并做好接线标记,滚筒维修完成后,回装,测试系统恢复正常。

4. 教训或建议

细化日常维护保养制度。定期对吊车上设备进行检查。

案例 13　柴油吊车发动机水温高报警停机故障

1. 故障现象

B平台吊车启动控制盘出现水温高停车报警,发动机不能启动。

2. 故障原因

冷却水感温探头故障。

3. 分析过程及检修措施

(1)吊车司机打开系统开关后,发现控制盘有异常报警——水温高停车报警。吊车司机到发动机房确认,发现水温并不高,而后试图启动发动机,失败。

(2)由于发动机上探头较多,不好区分,所以对探头接线箱进行查找,很快便找到了可疑故障点位置,摘掉此疑点信号线,故障及时解除。此故障点是由发动机旁应急停机接线箱中的7号接线端子排上的一个探头信号线所致。找到这个故障探头信号线,问题就解决了一半,于是慢慢捋线,从故障信号线出发,一直找到故障探头位置,将故障探头与信号线脱离后问题迎刃而解。

4. 教训或建议

对设备的认识程度不足,还需要通过内训学习、岗位练兵等手段不断加强对设备的熟悉程度。从根本上提高全员的技术水平。

第三节　注水泵常见故障案例

案例 14　注水泵 A 泵壳体温度传感器故障

1. 故障现象

2010 年 10 月 12 日,注水泵 A 泵壳体温度显示不正常。

2. 故障原因

(1)接线端子松动。

(2)信号电缆破损。

（3）传感器或探头损坏。

3. 分析过程及检修措施

（1）现场控制盘显示泵壳体温度不正常,怀疑温度传感器故障。

（2）温度传感器解体,发现内部接线有积水。

（3）更换新的温度传感器,现场仪表接线恢复正常。

（4）泵壳体温度显示正常。

4. 教训或建议

（1）定期检查接线盘柜、接线盒的密封情况,打开进行维护和端子紧固。

（2）完善维护保养制度,将现场设备撬块的维护保养进一步深化,提高精细化管理水平。

案例 15　注水泵 A 泵电机绕组温度传感器故障

1. 故障现象

2009 年 8 月 27 日,该泵一相绕组温度显示错误,就地控制盘显示温度为－649 ℃。

2. 故障原因

（1）接线端子松动。

（2）信号电缆破损。

（3）传感器或探头损坏。

3. 分析过程及检修措施

（1）拆除温度探头,测量阻值正常。测量变送器电源正常。

（2）将探头放置大气中观察温度显示没有变化,怀疑变送器部分损坏。

（3）更换新的变送显示单元后,探头温度显示正常。

4. 教训或建议

做好设备周围环境的监控,保证仪表温、湿度在正常的范围。

案例 16　注水泵驱动端振动传感器故障

1. 故障现象

2011 年 1 月 19 日,泵体驱动端振动示值显示为 0。

2. 故障原因

（1）接线端子松动。

(2)信号电缆破损。

(3)传感器或探头损坏。

(4)接线错误。

3. 分析过程及检修措施

(1)拆卸防爆控制盘紧固螺栓,打开控制盘。控制盘断电。

(2)拆卸振动显示仪固定螺栓,拆下显示仪。

(3)确认泵体驱动端振动传感器 2 显示仪通道:为 A 通道。

(4)确认此通道所接振动传感器的安装位置,检查振动传感器的接口接线:接线牢固且正常。

(5)检查显示仪背板接线,发现接线错误,正确接线为:1 UT,红色;2 AI,黑色(原为黄色);3 COM,绿色(原为黑色);4SHID,黄色(原为绿色)。

(6)回装显示仪后给控制盘送电,经调整接线,显示仪显示振动数据正常。

4. 教训或建议

故障检修或设备升级后,注意技术资料的升级和完善收集。

案例 17　注水泵 A 泵润滑油智能温度显示仪故障

1. 故障现象

2011 年 3 月 30 日,智能数字式温度显示仪(显示滑油温度)没有任何显示,检修热电阻温度计后,显示仪有显示,但显示温度值剧烈变化。

2. 故障原因

(1)接线端子松动或接线错误。

(2)信号电缆破损。

(3)传感器或探头损坏。

(4)温度显示仪内部转换模块故障,导致显示数字变化很快。

3. 分析过程及检修措施

(1)准备工具(扳手、螺丝刀、万用表、绝缘胶带等)。

(2)断开控制电源,测量现场滑油热电阻温度计电阻值大小,结果显示为:红、黄接线端子之间电阻值为 103.7 Ω。红、绿接线端子之间电阻值为 103.6 Ω。黄、绿接线端子之间电阻值为 0.2 Ω,证明温度计正常。

(3)拆下滑油热电阻温度计,拆盖,检查发现里面信号线有破损且已经脱落。

(4)剪下破损的信号线,并重新接线,检查数字显示仪示值有显示,但显示值变化波动极为迅速。

（5）打开控制柜测量温度显示仪供电等,发现均正常。

（6）更改温度显示仪设定值,检查显示值随设定值的更改也发生变化,在温度计正常的情况下,证明显示仪已故障,需更换。

（7）找到相同型号的温度显示仪,更换,注意接线不要错误。

（8）更换完成后,上电,重新设定显示仪的设定值,观察显示仪显示温度值正常,维修完成。

4. 教训及建议

定期开盖检查接线的紧固及内部状况。制定和完善现场仪表的维护保养制度。

案例 18　注水泵润滑油热电阻温度计故障

1. 故障现象

2011 年 3 月 30 日,滑油温度无显示值,现场温度显示仪也无温度显示。

2. 故障原因

（1）接线端子松动或接线错误。

（2）信号电缆破损。

（3）传感器或探头损坏。

（4）滑油热电阻温度计接线破损且脱落,导致显示仪无数值。

3. 分析过程及检修措施

（1）打开注水泵 A 泵控制柜,测量温度显示仪电源是否正常。

（2）断开控制电源,测量热电阻温度计 3 根信号线的电阻值,测量发现其中一对信号线电阻无穷大,证明热电阻温度计接线可能出现问题。

（3）拆下滑油热电阻温度计,拆盖,检查发现里面信号线有破损且已经脱落。

（4）剪下破损的导线,重新紧固接好信号线。

（5）温度显示仪有温度显示,检修完成。

4. 教训或建议

加强对设备的维护和检查,做好关键设备的采购和日常管理工作。

案例 19　注水泵振动监测模块故障

1. 故障现象

2012 年 5 月 4 日下午,E 平台注水泵 A 泵振动监测仪无显示,导致无法显示注水泵的振动数值,E 平台电仪工手动停止注水泵 A 泵,启动注水泵 B 泵,A 泵停泵后振动监测仪自动恢复显示,并伴有"V+ERROR"报警。

2. 故障原因

振动检测仪本身故障。

3. 分析过程及检修措施

(1)检查注水泵 A 泵控制盘供电系统,发现供电系统正常,各指示灯显示正常。振动监测仪在停泵后,自动重启,各振动数据显示正常。

(2)参考 BENTLY NEVADA1900/55 型振动监测模块的手册,"V+ERROR"表示供电电压低,但排查供电系统,未发现异常。排查振动监测仪的负载是否有短路或接地现象,经排查没有发现异常。

(3)经过检查,线路故障基本排除,那么只能是振动检测仪本身出现故障,于是更换新的 BENTLY NEVADA1900/55 型振动监测模块,接好电源线和地线后,为控制盘重新送电,新的振动监测模块显示正常,且各指示灯显示正常。观察一晚后,5 月 5 日早上重新启动注水泵 A 泵,并停下注水泵 B 泵。启泵时各项参数显示正常,没有再出现不显示振动数据的故障。

(4)分析故障现象,判断是 BENTLY NEVADA1900/55 型振动监测模块内部电路元器件故障,导致振动监测模块瞬间供电不正常。

4. 教训或建议

加强对设备的维护和检查,做好关键设备的采购和日常管理工作。

案例 20   注水泵非驱动端振动高高报警故障

1. 故障现象

2010 年 2 月 4 日,注水泵 A 泵非驱动端振动高高报警,引起该泵控制系统关断,造成停泵。

2. 故障原因

探头安装不牢。

3. 分析过程及检修措施

(1)现场检查故障停机报警,确定停机原因是非驱动端振动高高报警。

(2)查看了中控室控制盘的报警记录。

(3)振动报警信号来自振动检测仪,正常信号为开路信号,报警信号才为闭合信号,检查检测仪到控制盘 PLC 之间接线正常无松动。

(4)检查装在泵上的非驱动端的振动探头,探头未紧固,比较松,敲打泵撬,振动探头显示最大 5.4,而关断值为 14.0,怀疑可能是振动探头固定不够紧固,导致泵运转时候探头振动高报。

（5）对该泵手动盘泵无异常，轴承温度 20 ℃ 也未见异常，把振动探头及接线重新紧固后重新启泵，运转正常。

4. 教训或建议

定期开盖检查设备仪表的紧固情况。制定和完善现场仪表的维护保养制度。

案例 21　注水泵振动监测仪故障

1. 故障现象

2012 年 9 月 21 日 15:00 左右，工艺人员巡检时发现注水泵 P-4101B 泵轴承振动监测仪数值显示为零，无法监控该设备相关数据。

2. 故障原因

振动探头故障及振动监测仪内部分电路板腐蚀脱焊。探头线缆破损及电路板受潮。

3. 分析过程及检修措施

（1）拆解振动探头并测量探头信号线缆阻值等参数，发现探头线缆有短路现象。

（2）仔细检查探头信号线，发现电缆破损。更换电缆后，振动监测仪故障未能排除。

（3）考虑到振动探头可能因为线缆短路造成探头故障，随即对振动探头进行更换，但故障未能排除。

（4）随后对故障监测仪进线拆解，发现其内部部分电路板腐蚀脱焊。对腐蚀脱焊点处理后回装并进行功能测试，振动监测仪工作正常，至此故障被排除。

（5）为防止电路板遭到腐蚀，在控制盘及振动监测仪周围放置适量干燥剂。

4. 教训或建议

（1）考虑到振动探头因人员在作业过程中的无意踩踏，尤其是与钢质绑扎带接触处的踩踏造成探头信号线缆破损，对相关人员进行提示。

（2）鉴于轴承振动检测仪内部部分电路板腐蚀脱焊，维护保养时应当在合适的位置放置适量的干燥剂，对控制柜盖涂抹黄油，尽可能减少潮气湿气入侵。

第八章

火气、消防系统故障案例

第一节 可燃气体探头故障案例

案例 1 可燃气体探头报警引发生产关断故障

1. 故障现象

2010 年 10 月 28 日 18:24,E. F. P(电泵间)房间通流风机入口的可燃气体探头高报警,并引发平台关断。

2. 故障原因

PLC 供电电源端子松动,造成误报警。

3. 分析过程及检修措施

(1)到现场使用便携式可燃气体探测仪进行检测,探测结果读数为 0。

(2)现场的可燃气体探头示数也为 0。

(3)尝试在控制盘上对报警进行复位,报警依然存在。

(4)确认为误报警后,对 ESD 输出信号进行旁通,并恢复现场关断流程。

(5)检查 PLC 控制盘,发现 PLC 供电电压为 19 V,低于正常工作电压。

(6)检查供电电源部分,对电源进线端子进行紧固。电压恢复到 23.5 V。

(7)对报警信号进行复位,报警信号消除,系统正常。

4. 教训或建议

(1)进一步做好热成像检测工作,及时发现端子松动。

(2)对于仪表端子发热量小,故障隐蔽,要利用停产检修的机会或做区域旁通的办法,定期进行端子紧固。

第二节　消防泵故障案例

案例 2　电动消防泵控制失灵无法停转故障

1. 故障现象

2010 年 1 月 28 日,在电动消防泵上电后,电动消防泵自动启动,且无法利用现场控制盘上的停止按钮对其进行关停操作。

2. 故障原因

(1)可能原因一:消防泵控制模式为自动模式,由于消防管网压力低于压力开关的设定值,导致消防泵自动启动,且现场控制盘上的按钮被旁通掉,导致无法停止。

(2)可能原因二:现场控制盘应急启动按钮短接。启泵按钮因故障被短接。

(3)FGP 火气控制盘启泵按钮被短接。

3. 分析过程及检修措施

(1)对消防泵的控制模式进行确认后,发现当前所选模式为就地控制模式,因此排除第一种故障的可能。

(2)利用万用表分别对前两种开关的通断情况进行测试,发现开关状态正常,并无短接现象。

(3)检查应急启动按钮进行检查后,发现此开关处于闭合状态,而它的正常状态应为常开,将其端子接线挑开后,对泵的控制情况进行试验,发现泵上电自动启动的现象消失,触动启泵开关,泵可以正常启动,触动停泵开关(现场控制盘 FGP)泵机可以正常停止,说明问题正是出现在应急启动按钮上,该按钮可能内部触点发生锈蚀变形等造成短接。至此消防泵的控制功能恢复正常。

4. 教训或建议

(1)确定消防泵应急启动开关的故障,对其进行维修或者更换作业。

(2)定期对消防泵的各种功能进行测试,保证此类故障不再发生。

案例 3　海水管网压力开关故障导致电动消防泵试运转时无法启动

1. 故障现象

2012 年 7 月 2 日,电动消防泵自动启动试运转时候,发现无法自动启动,但在火灾控制盘可以进行手动启动。

2. 故障原因

压力开关接线松动。

3. 分析过程及检修措施

检修过程：放空海水管网海水，迫使消防泵自动启动，消防泵控制模式为自动模式，现场泵拉杆处于启动状态，但泵没有自动启动，对 1MC 断路器电压测量发现上口带电但下口没电，初步怀疑火灾盘对其有停止启动信号，在对火灾盘相应消防泵故障点测量时发现为常闭点，即不存在报警。后对中控压力开关点进行测量，发现其处于常开点，即现场并没有压力低报警。对现场压力开关拆开后发现接线端子有松动的情况，在对端子紧固后，给消防泵送电后重新试验，消防泵可以正常启动。

对机组状态检查确认后，试启泵，目前消防泵可以正常启动。

4. 教训或建议

加强 PM，定期对火灾消防设备进行可靠性测试。

第三节　火焰探头故障案例

案例 4　火气系统程序漏洞导致平台关断故障

1. 故障现象

2010 年 5 月 19 日，该平台的 V-2101 缓冲罐区的紫外线探头 UV-133 探测到火灾报警，导致整个平台生产关断。

2. 故障原因

（1）该探头工作不稳定产生报警（相邻平台有动火作业，探头探窗背对动作作业区，但可能存在反光）。

（2）火气控制盘 PLC 控制器的程序存在错误。同一区域内的两个探头同时报警时才会产生关断信号，而此次该区域只有这一个探头报警就产生了关断。故障程序如图 8-1 所示。

3. 分析过程及检修措施

（1）该平台主甲板 V-2101 处火气探头 UV-133 报警后，随即对系统进行了旁通和复位。

（2）由于该探头位置并不在动火区内（当时栈桥相连的相邻平台有一处动火作业），但该探头的探测方向背对动火区，该探头不应该能够探测到火情报警。

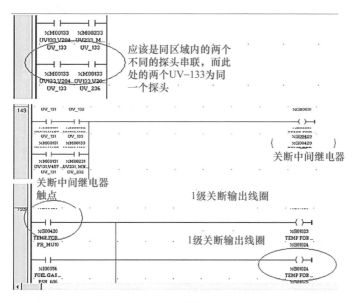

图 8-1　故障程序图

（3）由于该探头使用年限较长（投产 18 年），对该探头进行外观和电气检查，内部接线及电气检查并无异常。

（4）更换新探头进行试验观察，新探头更换后，到目前为止，并未再出现异常报警。

（5）由以上信息初步判断分析为探头内部模块老化，工作性能不稳定，不能保证稳定可靠运行。

（6）更改控制系统程序。

4. 教训或建议

（1）在动火作业期间，做好信号的旁通管理，考虑周全，对动火作业可能影响到的区域进行旁通。

（2）对系统程序进行全面的检查，对不合理程序进行修正。

（3）制订设备维护检查标准作业计划和程序。

第四节　灭火系统故障案例

案例 5　某平台中控七氟丙烷灭火剂泄漏故障

1. 故障现象

2010 年 8 月 15 日，某平台中控室区域七氟丙烷备用瓶压力 2.4 MPa，低于正常使用压力 3.5～5.6 MPa。使采油平台中控室无备用七氟丙烷。

2. 故障原因

(1)直接原因:压力表丝扣处渗漏,每次检查松开锁母,检查完毕后锁紧螺母没有关闭到位。

(2)间接原因:七氟丙烷管理制度不健全,7月没有点检记录,没能及时发现压力在下降。并进行检查处理,阻止压力继续下降。

3. 分析过程及检修措施

检修过程:检查渗漏原因是压力表丝扣处渗漏,寻求第三方进行充装。

4. 教训或建议

(1)完善管理规定和操作程序。

(2)对现场操作人员进行培训。

案例 6　某平台 CO_2 误释放故障

1. 故障现象

在做火气系统校验时,虽然已经对火气系统进行了旁通,但该区域内的两个探头同时报警还是触发了 CO_2 释放的动作。

2. 故障原因

(1)在做火气探头季度校验时,N_2 驱动瓶截止阀没有手动锁住。

(2)同一火区的火气探头校验没有严格按照程序进行,应该报警一个,复位一个,然后再进行下一个校验。

(3)现场校验人员与中控人员未协调一致,导致在未确认复位的情况下,进行了下一个火气探头校验。

(4)A 平台火气系统逻辑存在错误:虽然在做火气系统校验时,对火气系统进行了旁通,但该区域内的两个探头同时报警还是触发了火气系统的动作。

3. 分析过程及检修措施

(1)作业风险分析不完善,控制措施不明确。

(2)主观意识太强烈,过分相信系统逻辑,应当在做测试前关闭驱动气瓶的阀门。

(3)现场人员未协调一致,为了省事,没有能够逐个探头地进行测试复位。

4. 教训或建议

(1)编制完善各项操作规程,要求现场人员严格执行操作规程。

(2)对火气系统及时检查,更改控制系统逻辑程序不正确问题。

(3)对现场操作人员进行有针对性的强化培训。

案例 7　某平台火气系统 HMI 上位机故障

1. 故障现象

2008 年 8 月 20 日,平台进行火气季度探头校验,进行井口区 UV 探头试验时,当探头在现场报警后,报警信号传入中控,发现报警信号只能从 BMS-904 火气控制器上接收,上位机上无任何报警显示,仪表专业人员随即对平台其他火区进行 UV 探头试验测试,发现都存在相同故障现象,随即又对 GAS、烟、热、氢气进行了细致的排查,发现所有的烟、热探头也存在此类故障现象。

2. 故障原因

上位机 SCADA 系统 iFix 版本较老,程序长期运行,存在错误。

3. 分析过程及检修措施

(1)检查现场火气探头(UV、GAS、烟、热)工作状态。

(2)检查 BMS-904 工作状态及参数设置。

(3)检查火气系统模拟盘的状态灯输出是否正常。

(4)检查火气控制电源是否正常。

(5)检查火气盘 PLC 模块及各通信模块工作状态是否正常。

(6)检查上位机与火气系统 PLC 数据电缆连接是否正常,操作状态显示能否同步。

(7)检查上位机各操作画面及 PLC 的 I/O 模块。

根据查阅 BMS-904 火气控制器资料,发现控制器参数设置没有问题,并且液晶屏上无故障报警显示,说明 BMS-904 火气控制器处于正常工作状态,排除了第(2)项。

对火气系统模拟盘的状态进行输出测试,发现模拟盘的状态报警灯均可以正常显示,说明状态输出没有问题,排除第(3)项。

检查火气系统中电源输出部分,并进行现场探头、PLC、I/O 等模块电源输出值测量,24 V、110 V 一切正常,排除第(4)项。

对 PLC 工作状态进行检查,PLC 工作在 RUN 状态,并且故障报警灯无报警,通信模块状态灯也无报警现象,数据交换指示灯处于正常闪烁状态,这样就排除了第(5)项发生故障原因。

检查火气系统与上位机通信的电缆连接,无松动现象,然后对上位机与火气盘进行是否同步试验,发现上位机上进行的操作在火气盘上能够同步显示,在火气盘上的操作在上位机上也能够同步显示,说明上位机与火气盘通信没有问题,排除第(6)项故障原因。

进行火气系统上位机各操作画面检查,发现在画面中有一项复位软按钮颜色状态不对。正常状态下,复位按键颜色为白灰色,当按下后能够自动恢复到白灰色状态,但此时画面复位按键颜色状态显示为被按下状态(绿色),不能自动恢复到正常状态,这就说明上位机一直发送给 PLC 系统一个复位信号,导致现场探头动作后报警信号及状态灯显示不动作。

平台仪表人员随即对上位机画面中复位软按键进行按下操作,颜色状态在按下后显示为白灰色(白灰色为正常、绿色为复位键按下状态),但松开按键后,又变成绿色状态,无法使复位软按钮恢复成正常颜色状态,多次按下后仍然处在复位键被按下状态,将上位机关机后重新启动系统,复位软按键复位正常。系统恢复正常。

4. 教训或建议

由于该系统上位机为 iFix 较早期版本,电脑配置也较低,长时间运行后,导致程序发生异常。经咨询厂家后需要适时升级该系统。

第五节　火灾盘故障案例

案例 8　接线松动导致生活楼火灾盘故障

1. 故障现象

2010 年 5 月 3 日,生活楼火灾盘公共报警,但中控并没有接收到现场探头任何报警信号,现场确认也无火情状态。

2. 故障原因

火灾盘内部数据线有插接松动现象。

3. 分析过程及检修措施

(1)通过火灾盘上的故障代码对现场探头回路进行检测。

(2)打开火灾盘控制柜进行接线紧固测试有无对接地现象。

(3)对火灾盘内的各数据线进行检查,测试结果发现火灾盘主板与报警控制线路板数据传输线有虚接现象。

(4)将数据线拆下进行测量并无断路现象。

(5)对线路板两个固定插座进行测量此时也并无虚接现象。

(6)测试完成后对数据线进行连接并再次进行测量没有断路现象。

(7)对火灾盘内部数据线检测后,判断是插接接头松动,此时进行重新连接,报警复位后状态恢复正常。

4. 教训或建议

火气系统季度检查要做精做细,不仅仅要校验探头功能,还要开盖对内部接线进行紧固检查。

案例 9　某平台误报警发生 0 级弃平台关断

1. 故障现象

2009 年 12 月 29 日 09:45,该平台发生失电,PA 报警为 0 级。中心平台以及周边卫星平台发生生产关断。现场应急发电机启动。

中控报警信息显示火灾盘触发了 0 级关断信号,GAS 报警信号。平台 ESD 紧急关断控制盘从 0 级到 4 级信号全部报警。

中控复位 0 级后,报警消除,并没有被锁定,因此排除按钮误动的可能。中控随之复位其他报警,逐步复位现场,恢复生产。

2. 故障原因

平台火灾盘 24 V 电源瞬间失电,导致火灾盘的 0 级关断信号产生。中控火灾盘供电分为两路:一路是 UPS 110 V 供 PLC 工作电源,一路是由 24 V 直流盘供电给 Gas 探头和火灾盘内继电器。火灾盘的 0 级关断信号是由火灾盘的 0 级继电器输出的,而 0 级继电器的供电是由 24 V 直流充放电盘供电的。在主机失电的瞬间,火灾盘上同时出现 0 级关断信号和 GAS 报警,24 V 直流充放电盘没有能够马上反供电,导致火灾盘的继电器和可燃气体探头短时间断电,0 级继电器瞬间产生了输出。

3. 分析过程及检修措施

(1)先行启动透平 A 机,正常后带载,逐步恢复流程,给卫星平台送电,恢复油井生产。

(2)清理 C 机进气滤网,更换前滤网。然后启动 C 机并车,正常后,由 C 机单独带载运行。

(3)12 月 30 日,由仪表和电气两个专业人员联手对 24 V 直流充放电盘进行了模拟断电试验。当一个充放电盘断电之后,中控系统没有任何反应,当两个 24 V 直流充放电盘全部断开主电源之后,中控火灾盘内的继电器,包括 0 级继电器掉电,部分 PLC 卡件的通道指示灯熄灭,火灾盘上位机出现了所有可燃气体探头的报警,以及 0 级、1 级、2 级、3 级关断信号,中控火灾盘的矩阵盘上相应的状态灯也点亮。直到恢复充放电盘的主电源,火灾盘的状态才恢复正常。由此证明了火灾盘的 0 级关断输出是由于 24 V 直流充放电盘造成的。

(4)电气师对 24 V 直流充放电盘进行检查,查阅图纸,核对现场,发现设计上存在缺陷(图 8-2 和图 8-3)。由于厂家设计时在负载供电回路中设计了一个继电器常开触点,这个触点的设计可能是考虑作为一个 24 V 直流充放电盘工作状态的判断作用。1KM3 平时由主电源供电,当透平失电后,继电器线圈失电,则继电器的常开触点断开,电池向外供电的回路随即被切断。

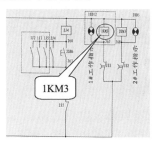

图 8-2　电气原理图一

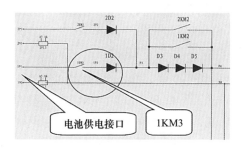

图 8-3　电气原理图二

4. 教训或建议

(1)寻求厂家支持,对 24 V 充放电盘的这种现象给予解决,这两面盘是 2009 年停产检修时刚刚更换过的。也可以考虑从 MUQ 的交流 UPS 处再引一路电源,供给火灾盘替换直流充放电盘供电。或者,建议同时把火灾盘上的"0"按钮去除,因为火灾盘在中控,中控控制盘已经有了一个 0 级关断按钮。

(2)改造时,需要详细的调试报告和周密的测试。

案例 10　火气探测控制器程序丢失导致关断故障

1. 故障现象

火气探测控制箱 DC 24 V 保险熔断之后,触发平台相应区域的气体泄漏报警,并产生相应级别的关断信号。

2. 故障原因

PLC 电池失效,造成 CPU 程序丢失。

3. 分析过程及检修措施

(1)检查现场一探头电源线脱落,触碰外壳,造成火气探测控制箱 24 V 保险熔断。

(2)更换火气探测控制箱 24 V 保险。

(3)重新为系统上电,发现 CPU 的"RUN"灯不亮,所有输出卡件的"BA"和"RC"灯均不亮,而且"RD"红灯亮了(图 8-4),同时所有卡件均没有输出,相应的继电器也没有得电,关断信号无法复位。怀疑是 CPU 故障或底座故障。

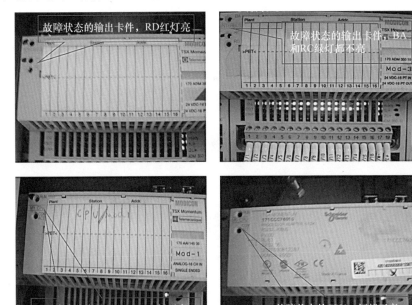

图 8-4 CPU 状态灯指示情况

(4)分别更换了 CPU 和 CPU 底座测试,故障现象一样。后经查看,在原 CPU 的侧面有一个安装电池的地方,使用的是一对 7 号干电池,并且电池早已过期,正电极处已经有绿锈。初步判断为断电时 CPU 没有供电,内部程序丢失,需要重新下载安装程序。

(5)火气控制箱(GAV)断电之后,触发了平台 ESD2-2、ESD2-3、ESD2-4、ESD2-6、ESD2-7 2 级关断,由于 CPU 无法继续使用,GAV 控制箱发送给 ESD 关断系统的输出信号无法复位,故采用临时措施,将 GAV 发送给 ESD 关断系统的信号线短接(GAV 给 ESD 的关断信号是由相对应继电器的触点来实现,具体对应关系如表 8-1 所示,正常时是闭合,有关断输出时为断开)。

表 8-1　继电器和报警单元的具体对应关系

继电器	触发报警单元	继电器触点
R1	机舱灯柱报警系统控制箱	NO
R2	ESD2-2	NO
R3	ESD2-3	NO
R4	ESD2-4	NO
R5	ESD2-6	NO
R6	ESD2-7	NO
R8	PA	NO

4. 教训或建议

(1)加强对 PM 的执行力度。

(2)对于 PLC 需要严格按照厂家说明,定期进行电池的更换。

第六节　手动报警站故障案例

案例 11　甲板手动报警站误动作引发关断故障

1. 故障现象

2010 年 9 月 4 日 08:22,WHPA 平台 15 m 甲板右舷楼梯口 A-MAC-3022 火灾手动报警站误动作,导致平台 2B 级关断,中控火气系统(FGA)接收并输出 ESD 关断信号,输出柴油消防泵启动信号。同时连带 3 台海水提升泵停泵,原油主机冷却用海水中断,08:28 主机 A/B 先后因滑油高温报警关断停机,全油田失电。此次关断造成 A/B 平台损失原油产量共计 136.4 m^3。

2. 故障原因

A 平台 15 m 甲板右舷楼梯口的火灾手动报警站误动作触发 2B 级关断信号。

3. 分析过程及检修措施

部分手动报警站的原装玻璃在平台投产前破损,由项目组订购制作了一部分玻璃片,与原装玻璃尺寸不符(检查发现定制的玻璃尺寸比原装尺寸宽度偏小 2 mm、定做的玻璃厚度是原装玻璃厚度的两倍)。造成手动报警站的开关滑动销与玻璃贴靠不紧,内部触点处于游离状态。由于 A 平台一直处于钻完井作业时期,钻井作业时平台整体振动大,并且船舶靠泊平台时产生的晃动,引起报警站内部触点断开,从而触发 WHPA 平台 2B 级关断。

4. 教训或建议

(1)对 A 平台手动报警站进行检查,统计原装玻璃和非原装玻璃的数目。并以联络函的形式给项目组,要求对现在存在问题的玻璃及时采办原装备件进行更换。

(2)进一步完善平台失电时应急处理程序。加强应急事件处理演练,提高现场人员处理突发故障的应变能力。

(3)完善手动报警站预防性检查和保养制度。

(4)通过对此次故障的分析和总结,重新梳理其他未解决的工程遗留问题存在的安全隐患,并由专业监督落实具体的解决时间和负责人。

第七节　热探头故障案例

案例 12　变压器间热探头报警导致关断故障

1. 故障现象

2007 年 7 月 19 日 20:20,WHPD 平台 HD-4091(主变压器间)热探头报警,产生了 ESD 2 级报警,触发 WHPD 的 3 级关断,继而导致关联平台 WHPC 关断。当时操作人员查看现场,没有火灾,室内温度也不高。

2. 故障原因

(1)直接原因:HD-4091 报警。

(2)间接原因:探头自投产一直使用,而且位置在主变压器间(其中风压较大),湿气较其他的房间也大,因此判断属于自然老化造成焊点脱落,造成误报。

3. 分析过程及检修措施

(1)采取的措施:更换新的探头,使用 88 ℃报警温度的热探头,替换以前的 57 ℃报警探头。

(2)检查平台其他的热探头,更换中控区域的热探头,表面看上去焊点凹陷,室外变压器区域的探头有轻微的腐蚀,提醒平台人员加强巡检。并提醒其他平台做相应的检查。

4. 教训或建议

(1)建议根据现在的探头状况,有计划地更换这批探头,并更换成 88 ℃温升类型。

(2)另外中控室、主开关间、电池间、主变压器间、电泵间、应急发电机间的关断逻辑由现有的 HD 单个报警即产生关断,改成和同一区域的两个探头都报警时才关断。

(3)对于室外的这种探头,加强 PM 管理,定期更换。

案例 13　主变压器间高温引起热探头报警导致关断

1. 故障现象

2010 年 7 月 1 日 20:46,PSP 平台主变压器间热探头报警,触发 ESD 2A 级关断。

2. 原因分析

(1)由于大雾天气,为了防止潮气进入主变压器间,把原先主变压器间的 2 台进风机和 2 台抽风机关停 3 台,只保留 1 台抽风机运行(根据以往经验,大雾天气停运进风机,运行 2 台或以上抽风机时,进风口处有滴水现象,所以只启动了 1 台抽风机)。

(2)主变压器间保留的 1 台抽风机过载停运,造成主变压器间通风不畅,室内高温导致热探头动作产生 2 级火灾关断。

(3)对主变压器间只运行 1 台抽风机所产生的隐患认识不足。

3. 分析过程及检修措施

当日 20:52,安全监督组织消防队到达 PSP 平台主变压器间,发现主变压器间室内温度较高,没有风机处在运行状态,温度探头本体的 LED 灯依然在闪烁报警,室内并无糊味或异味,主变压器外观良好,但绕组温度已经达到了 90 ℃左右。在确认现场没有火情后,立即敞开主变压器间门进行通风,并通知电气师到达现场进行设备检查。

20:55 电气师到达现场,经过详细检查,确认变压器无异常状况后,经反送电启动平台主变压器间风机通风降温。21:15 室内温度降至 25 ℃左右,主变压器各相绕组温度均降到 60 ℃以下后,启动主发电机,并按正常送电程序给平台其他负载供电。平台恢复正常生产,前后失电约 1 h,损失原油产量约 100 m³。

4. 教训或建议

(1)修改完善变压器间管理规定,并且张贴在现场。

(2)大雾大雨天气加强对变压器间的巡检工作,保证变压器的正常运行。提醒中控值班人员随时注意各个电器设备间风机运行状态,如有异常及时通知电气人员处理。

(3)制订电气设备间温度监控计划:即采办温度探头和仪表电缆,并在中控界面上做好组态,实时监控各个电器设备间的室内温度状况,并设定报警点,如果温度异常,发出报警信号,中控人员可以及时通知电气人员进行处理。

(4)电气人员对所有风机进行保养和维护,尽可能使其处于良好的运行状态。

第九章

控制系统故障案例

第一节　中控(DCS)系统故障案例

案例 1　F 平台中控系统主控制器故障导致关断

1. 故障现象

2010 年 4 月 16 日 13:05,发现 F 平台发生 1 级关断。中心平台监控服务器所有数据全部中断。

2. 故障原因

(1)直接原因:中控主控制器 PM865 故障,红色故障报警灯常亮,导致中控系统瘫痪,平台关断。

(2)间接原因:F 平台原设计中控系统为冗余控制器,一主一备,备用控制器 2009 年发生硬件故障后,未能及时更换,导致中控系统只有一台控制器运行。当唯一的一台控制器故障时,平台发生了关断。

3. 分析过程及检修措施

(1)在下载程序过程中,控制器被初始化,平台将失电停产。

(2)由于 F 平台是无人平台,1 级关断会将所有电源跳闸,包括 UPS 及其电池开关。检查确认后必须将 UPS 的电池联络开关的跳闸信号通过硬线短接,强制使 UPS 通过电池反送电工作来给控制系统供电。

(3)单独对好的一台控制器重新下载安装程序,然后对系统进行复位操作。待所有关断信号解除后,恢复平台主电源的供电。

(4)拆除电池联络开关短接的硬线,系统恢复正常,操作人员开井恢复生产。

4. 教训或建议

对于关键系统产生的故障一定要引起足够的重视,有问题立即处理。尽快联系厂家对故障控制器进行更换,使系统恢复到一用一备的安全状态,提高安全等级和可靠性。

案例 2 F 平台中控系统备用控制器更换故障

1. 故障现象

控制器故障状态灯常亮,经复位和断电重启都无法消除,串口通信也无法识别。经过 ABB 技术服务人员确认,控制器坏掉,无法使用必须更换。

2. 故障原因

(1)直接原因:平台人员点检时发现控制器故障报警,复位操作后无法消除报警。

(2)间接原因:2009 年北高点由操作站级别提高为服务器级别,更换了新的服务器,该服务器的操作系统软件由 5.0 版本重新降级到 4.0 版本。

3. 分析过程及检修措施

(1)拆除旧控制器,安装新的备用控制器(PM865-2)。

(2)将新控制器从网络中断开,用笔记本通过串口对新控制器下载安装操作系统(4.0 版本),同时对控制器中的两块故障通信卡件进行更换。

(3)将新控制器接入控制系统网络,对两台控制器进行同步。同步过程中发现新控制器无法正常运行,故障状态灯亮。

(4)将新控制器从控制系统网络上脱开,单独将新老控制器进行同步,新控制器依旧报故障。又经过一次重新启动新控制器后,故障依然无法消除。期间发生通信卡件故障报警,平台关断。

(5)咨询陆地工程师,经过沟通,建议将在用主控制器也更换为新的控制器进行尝试。将控制系统断电,将旧的主控制器 PM865-1 也更换为新的控制器(重新通过串口写入网络 IP 地址,下载安装操作系统),并安装就位。

(6)此时两台控制器均为新装的控制器,通过网络查看两台控制器没有问题,但 PM865-2 依然无法同步。

(7)通过服务器网络重新对 PM865-2 安装操作系统。对控制器下载安装应用程序。

(8)将两台控制器进行同步,约 8 min 后两台控制器同步成功,各个状态灯指示正常。

(9)对控制系统进行复位,开井恢复生产。

(10)对两台控制器进行 2 次主备切换,切换过程正常,控制系统工作稳定。留守观察1 h,并未发生任何异常。F平台生产人员夜间留守,第二天早上撤离平台,期间控制器工作正常,系统稳定。

4. 教训或建议

(1)按照维护保养策略,定期对控制盘内进行除尘、通风等维护保养工作。

(2)对控制器软件进行升级。

案例 3　WHPF平台中控 DCS 控制器过载造成关断故障

1. 故障现象

2008年7月10日21:18,中控值班人员发现油田网络监控画面的E、F平台网络节点发生报警,并用对讲机通知F平台检查控制器负载,此时控制器负载迅速上升,并且操作站很快不能监控控制器负载(正常为65%左右,80%~90%为高负载状态,90%持续30 s以上单个控制器过载)。

正当值班人员去断开路由器时,两台控制器均过载,引起F平台1级关断并失电,雨喷淋系统启动。WHPF重启控制器后,主备控制器不同步。

2. 故障原因

第一步检查ABB DCS控制器:

7月11日到F平台检查A控制器问题,状态为A系列全部DO卡与B控制器状态不一致,而且与B系列状态相反(图9-1),如直接将A控制器投入网络,会因两个控制器不同步,造成再次关断和失电,所以对A控制器和卡件状态做全面检查,具体检查如下:

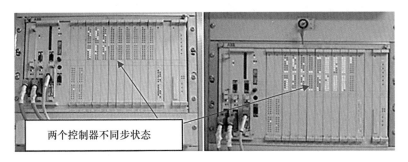

两个控制器不同步状态

图 9-1　ABB DCS 卡件

(1)检查A系列的CPU和I/O的供电开关和电源模块正常。

(2)检查A系列机架供电模块为DC 24 V,且电源、保险正常。

(3)将所用状态显示不正确的DO卡件取下,逐一检查未发现异常。

（4）在 OS 操作站检查 SCS07 信息，显示无异常信息。

（5）用 OS 操作站自诊断系统，检查所用卡件状态正常。

第二步检查扩频微波网络和控制网络：

7 月 9—10 日，油田整个办公网络、outlook、电话、Maximo 系统通信不畅，由于事发前后几天海上连续大雾，并且无风，这与之前 C 平台两次关断时的气象情况类似。

综合以上分析，扩频系统通信质量不好，造成数据丢包和阻塞，应该是这次关断的主要原因。网络通信节点状态红色为通信故障。

3. 分析过程及检修措施

对整个系统做全面检查，发现还是有系统状态不同步，暂时隔离 A 控制器，在操作站上做了手/自动操作后，整个系统恢复正常。22:20 分开始恢复平台生产。再次确认整个系统无故障，将重要输出做了旁通后将 A 控制器投入网络运行。系统恢复正常。

4. 教训或建议

（1）加强平台 DCS 控制器的负载监控，出现连续高出正常范围时，立即断开卫星平台与中心平台间的通信路由器。

（2）对控制器运行时间较长时，有计划对控制器重启，重新激活控制器。

（3）优化 ABB DCS 通信质量，减少数据掉包和数据阻塞，优化卫星平台和中心平台之间 ABB DCS 程序。

（4）改造老的扩频微波设备，将通信用的交换机升级为路由器，同时增加中心平台与陆地和卫星平台之间的带宽，全面增加通信质量。

案例 4　ABB 远程 I/O 柜受船舶雷达干扰故障报警

1. 故障现象

2006 年 7 月，安装在中心平台化验室的 ABB 中控远程 I/O 柜 B 系列卡件频繁故障报警，造成水处理系统、注水系统、药剂注入系统等关断。

2. 故障原因

值班守护船靠近平台时，导航雷达干扰造成卡件故障，引发关断。

3. 分析过程及检修措施

经分析故障现象判断，主要可能有两方面原因：一是供电系统的波动，二是光纤通信系统瞬间故障造成的。检查过程如下：

（1）首先检查供电电源，电源是由两路 AC 110 V UPS 单独供电，没有和其他吊车等设备共用。给 B 系列供电的开关和线路接触良好,无任何松动和异常现象。B 系列的 110 V/24 V 的电源模块工作正常,无任何报警。给每个卡件供电的接线也都正常。

(2)检查两路光纤转换器的连接均紧固,转换器的各个指示灯状态均正常,连接中控的光纤也均紧固无任何松动。

为找出故障原因,进行了如下测试:

(1)滨海 265 值班船开始靠近 2 号吊车区域,吊车未送电启动,在守护船刚靠近正常作业区域时,I/O 柜的卡件发生大面积故障报警。此时马上通知守护船离开。后分析发现当时守护船的导航雷达是在开启状态,I/O 间的屋门也是打开状态。

(2)马上恢复所有的卡件故障,并通知守护船关闭导航雷达,再次按正常作业靠近 2 号吊车区域,此时 I/O 间屋门关闭或打开时,卡件不再故障报警。2 号吊车启动开始吊货作业,共 21 组吊货,整个作业过程期间,I/O 卡件工作正常,无任何故障报警发生。

(3)吊货作业完成后,通知守护船打开导航雷达在作业区域前后移动,当守护船离 I/O 间区域较近时,并打开 I/O 间屋门,B 系列卡件当即全部故障报警。

(4)恢复所用的卡件故障,关好 I/O 间屋门,再次通知守护船打开导航雷达,靠近 I/O 间的区域航行测试 30 min,未发现有故障报警产生。

(5)经和 ABB 工程师沟通分析,有导航雷达的强电磁波对光纤转换器信号产生了干扰的可能性,造成卡件故障报警并产生关断。后经电报员和守护船船长沟通了解到,导航雷达的电磁波很强,可以对一些电子设备产生干扰。而且 I/O 间在生产甲板右舷,没有设备遮挡,机柜靠近门口摆放。房间屋门的防护要比墙壁的防护低,在特定的角度时,能够受到导航雷达的干扰。

4. 教训或建议

(1)平时加强 I/O 间的日常巡检工作,并保持屋门的关闭。

(2)在守护船靠泊作业时,关闭导航雷达。

案例 5　修改逻辑时误操作导致关断故障

1. 故障现象

主开关间的火气探头产生 2 级火灾报警,发生 2 级关断,连锁产生 3 级关断。

2. 故障原因

(1)直接原因:仪表人员和 ABB DCS 服务工程师在修改主开关间的 CO_2 释放逻辑时,由于操作失误,导致主开关间火气探头逻辑触发,导致产生 2 级关断。但因当时 CO_2 释放系统处于手动状态,因此事实上没有释放 CO_2。

（2）间接原因：人员在修改程序之前对 DCS 内部的逻辑关系（图 9-2）没有认识清楚。

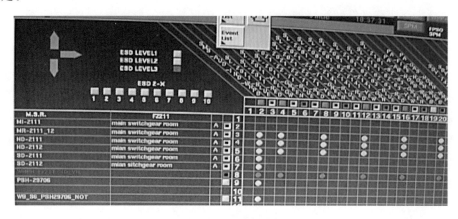

图 9-2　因果逻辑图

3. 分析过程及检修措施

重新修改程序，恢复关断逻辑到正常，恢复生产。

4. 教训或建议

（1）仪表专业人员写出原因分析、解决方法及经验教训和操作注意事项并传达到所有相关人员，以避免类似的事情再次发生。

（2）所有维修及生产人员要引以为戒，在线修改程序前，一定要研究透彻逻辑，做好必要和充分的准备工作。在线修改时，一定要再次确认修改的逻辑是安全的，正确的。

（3）仪表维修人员在 DCS 的实操锻炼方面机会太少，因此考虑增加培训和锻炼的机会。这方面可以考虑搭建一个简易的 ABB DCS 控制系统，用来平时锻炼和培训，以提高仪表人员的实战水平。

案例 6　空调冷凝水导致中控卡件腐蚀故障

1. 故障现象

2019 年 7 月，C 平台 SDY-3442、SDY-3151 的开关状态信号 ZCO 和 ZSC 在中控的画面显示为信号故障。

2. 故障原因

由于空调冷凝水进入中控地板夹层，导致电缆及卡件腐蚀，信号线回路开路。

3. 分析过程及检修措施

2019 年 7 月 8 日,仪表人员去 C 平台检查发现发生故障的信号线开路,经检查发现中控地板下面有水,而且电缆有破损,造成生锈腐蚀断开。同时还发现 ABB 用于操作站和控制器与 MB300E 连接用的 3 个 transceiver(无线电收发两用机,net13node39、net14node38、net13node38)状态显示不正常,经检查 transceiver 内部线路板已经被水腐蚀,并且线路已经短路烧糊。

故障处理:

(1)经检查发现中控地板下面有水,周围舾装板的内夹层也有水,仔细排查发现水来自 MCC 和 CO_2 间空调的排水管线,在中控室外空调排出的水沿着房间内壁流到夹层里,进入中控室地板下的电缆空间。

(2)随即将空调的排水管线加装一段延长的管线排至地漏,将中控地板掀开排水、晾晒,并将 ABB transceiver 高位悬挂固定,电缆排查、清洁、绑扎好。

4. 教训或建议

(1)对于空调冷凝水的排放管线,以及空调制冷剂的管路要做好保温,防止冷凝水的生成。

(2)日常的检查维护要考虑到各个系统的关联性,避免类似的事故再次发生。

案例 7 A 平台霍尼韦尔中控卡件故障导致生产关断

1. 故障现象

2010 年 4 月 21 日 13:29,原油生产一级分离器 V-2001 气相放空调节阀 PV-2002B 不受控,开度维持在 13.9% 不动。工艺人员迅速到现场使用该调节阀的旁通阀手动控制一级分离器 V-2001 压力。仪表人员检查现场 PV-2002B 阀门定位器无电压输入,检查中控 1F_02_J34 卡件状态灯呈现闪烁非正常状态。14:07 该卡件上输出 PV、LV 均不受控,此时生产流程呈现非受控状态,造成原油预加热器 CEP-H-2001A 中 CEP-PT-2005 压力低低关断。

2. 故障原因

A 平台中控 PCS 一卡件 MC-PAOY22 故障,卡槽位置 1F_02_J34,卡件工作数据库丢失,造成生产流程不受控制。

3. 分析过程及检修措施

(1)检查 PV-2002B 阀门定位器无电压输入,中控 1F_02_J34 卡槽的卡件状态呈现闪烁非正常状态。

(2)检查 I/O-LINK 目录下卡件状态,呈现黄色状态。判断为卡件数据库丢失。

(3)对此卡件重新下载安装,卡件仍旧呈现黄色状态。

(4)更换同类型卡件,重新下载安装,卡件状态呈现绿色状态。

(5)检查卡件输出所有 PV、LV 已经受控,生产恢复流程。

4. 教训或建议

(1)咨询厂家关于此卡件故障问题,卡件突发故障情况造成卡件数据库丢失,板卡连接输出设备会出现非受控状态。

(2)在日后设备维护工作中避免现场仪表线路接地情况的发生,做好中控系统盘柜清洁和环境控制,避免同类故障的发生。

案例 8　WHPB 平台中控 ESD 系统 DO 卡故障导致关断

1. 故障现象

2012 年 10 月 23 日 00:15,WHPB 平台中控系统 ESD 机柜主控制板 CP2 因 05 号、06 号机架 14 号 DO 卡件故障报警,导致 CP2 报"CP read"故障停止工作,从而导致几口油井关停。

2. 故障原因

(1)直接原因:ESD 盘柜 CP2 因 06 号机架上的 14 号 DO-0824 卡件误报警而停止运行。

(2)间接原因:卡件突发故障造成卡件数据库丢失,板卡连接输出设备会出现非受控状态。具体原因还需要和厂家做进一步沟通。

3. 分析过程及检修措施

仪表师查看报警后远程重启 ESD 盘柜 CP2,对故障进行复位后,卡件运行正常。00:30 检查 CP2 运行正常,板卡状态指示灯正常。

4. 教训或建议

(1)咨询厂家关于此卡件故障问题,具体原因还需要和厂家做进一步沟通。

(2)在日后设备维护工作中避免现场仪表线路接地情况的发生,做好中控系统盘柜清洁和环境控制,避免同类故障的发生。

案例 9　平台群网络系统故障

1. 故障现象

A 平台与 B 平台接通光纤通信光端机后,网络中断。A 平台与 B 平台改用微波通信时，A 平台网络 PING 陆地延时大、丢包率过高。卫星电话和 IP 电话使用的语音通话质量差。

2. 故障原因

经过检查初步分析 A 平台、B 平台、C 平台间的光纤链路与微波链路形成环路导致。

3. 分析过程及检修措施

(1)将 A 平台主干网络交换机上的网线进行整理，断开连接 A 平台、C 平台的微波网线，同时断开与其他局域的网络加速器设备。对平台光端机和网络交换机进行配置。将网络切换至光端机第 2 端口，交换机配置管理 IP 地址。

(2)对 IP 电话交换机进行检查和测试，并且进行配置调整。经过测试和观察，发现将其他局域的网络加速器接入网络后，陆地与平台间网络出现丢包情况。最后将加速器网络断开，网络恢复正常。

(3)对 B 平台处理电视系统。随后对平台网络使用情况进行观察。经过观察平台卫星链路稳定，未发现中断问题。

4. 教训或建议

优化和升级平台群网络结构，加强平台技术人员对通信及网络系统的学习。

案例 10　上位机不能对 FSC 系统进行操作故障

1. 故障现象

所有通过 FSC 系统传入的数值不能正常显示(显示数值的背景都为绿色)，并且不能对 ESD　F&G 进行旁通操作。

2. 故障原因

控制器通信卡 10018/E/1 故障。

3. 分析过程及检修措施

(1)打开上位机操作菜单 VIEW→SYSTEM_STATUS→CHANNEL 项，检查 CHAFSC 通道中 LINK A、LINK B 状态不正常，重新连接一下，故障状态不能恢复。

(2)从 FPS01 盘面上查看 10018/E/1 卡件状态，正常状态时 10018/E/1 卡件上"status"状态灯为绿色，红色为故障，目前其状态灯为红色。LINK A 通道对应为 FPS01 盘 CP1 处理器中 10018/E/1 卡件，LINK B 通道对应为 FPS01 盘 CP2 处理器中 10018/E/1 卡件。每个处理器都有一个 10018/E/1 卡件。

(3)对 10018/E/1 这块卡件进行复位，复位开关就在这块卡件上，使用细状物插入小孔内,按下 3 s 即可。复位后 10018/E/1 卡件上灯先是全灭,随后状态灯逐一开始变亮。卡件复位后,在 FPS01 盘上用 WD 钥匙开关进行复位。随后 10018/E/1 卡件工作正常。

(4)重新到上位机链接相应的 LINK A 或 LINK B,上位机与 FSC 系统通信正常。故障解决。

4. 教训或建议

加强对中控环境温、湿度的维护,保证设备通风状态良好。

案例 11　E 平台中控系统 PLC 故障

1. 故障现象

PLC 控制器"PROG"红色报警指示灯闪烁。

2. 故障原因

2020 年 2 月 4 日,仪表师在 E 平台投运调试新加装的排海阀 PV-1342,对 E 平台中控系统 PLC 程序修改,RSVIEW 监控画面组态。完成上述工作后,在对中控热备用的副 PLC 控制器进行 DOWNLOAD 新程序后,突发热备用的副 PLC 控制器丢失 CONTROLNET 数据,造成副 PLC 控制器切换到备用状态报故障。

3. 检修措施

对控制器重启后,重新下载 PLC 控制程序。

4. 教训或建议

加强对主 PLC 控制器及中控系统的巡检,平台做好主 PLC 控制器故障的应急准备。

案例 12　D 平台 PCS 系统电源模块故障导致失电

1. 故障现象

某年 7 月 12 日 01:30 左右,夜班操作工发现中控监控电脑上数据丢失。

2. 故障原因

PCS 中控柜内的所有控制器和卡件都已失电,系统的两块 12 V 直流电源模块 DC1 和 DC2 全部故障,输出电压为零,导致控制器失电,远程控制系统电源供电图如图 9-3 所示。

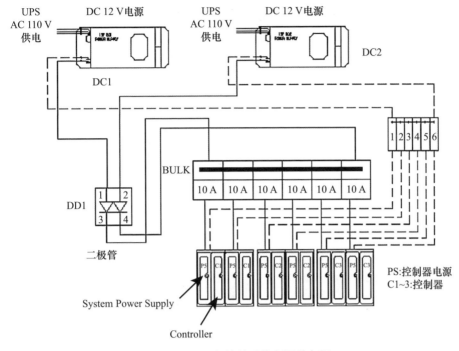

图 9-3　远程控制系统电源供电图

3. 分析过程及检修措施

(1)仪表人员测量两块 12 V 电源模块的电压为零,输入电压 AC 110 V 正常,确定是两块 DC 12 V 电源模块故障,已经无法使用,随即进行更换。

(2)由于该型号 DC 12 V 电源模块是早期产品,没有报警触点输出功能,因此电源故障后不能及时发现。由于控制器的电源(图 9-3 中的 PS)能接收 12 V 或 24 V 的供电,所以改用平台备件 Phoenix 24 V 40 A 电源模块给控制器供电,并且原单组二极管更换为两组 Phoenix 二极管。02:00 左右完成电源模块更换工作,PCS 系统重新上电,展开中控系统的各项功能测试,约 06:00 左右各项功能测试完成,初步确认各项功能恢复正常。

(3)两个电源模块同时故障的概率几乎不可能,加之原电源没有报警监控功能,基本可以判断,其中一个电源模块在此次关断发生前就已经处于故障状态,但平台人员没有及时发现,导致第二块电源故障后控制系统失电,发生严重的事故。

4. 教训或建议

提高工作人员的责任心,点检工作要做精做细,加强日常的点检工作,及时发现及时处理,避免更大故障的发生。

案例 13 WHPA 平台 UPS2 无法合闸故障

1. 故障现象

应急开关间 UPS2 开关不能合闸,UPS2 柜内 ESD 点处于断开状态,中控盘相应 UPS2 处 ESD 输出点正常,无断开状态。

2. 故障原因

中控至 UPS2 的 ESD 信号线电缆破损断线,导致信号回路开路。

3. 分析过程及检修措施

(1)检查输出继电器相应触点及线圈供电电压,测量线圈电压为 24 V,并且相应触点已正常动作,用万用表测量动作触点电压,无电压值,测量电阻为零,说明继电器常开触点动作后输出正常(触点闭合为正常)。

(2)测量继电器下一级输出端子保险,阻值为零,说明保险正常。

(3)对相应端子紧固,无松动现象,工况良好。

(4)将相应 ESD 信号线从中控、UPS2 端子上分别拆下,进行线间短接测量,单线对地测量,发现两根信号中的一根白线始终无法测通,故障点应该出在白线上。从中控盘电缆入口处发现白线有一段不明显的伤痕,经检查已发生断线。

(5)重新将白线连接包扎,并恢复端子接线,再次进行测试,通断正常。UPS2 合闸成功,故障解决。

4. 教训或建议

日常维护检查时,注意对周围线缆设备的保护,不要出现踩踏、擦碰等现象。

案例 14 A 平台中控系统 PCS 控制器程序丢失故障

1. 故障现象

11 月 15 日 16:45,A 平台中控发生两台上位机操作站与 AB-PLC 中控系统 PCS 控制器通信故障报警,现场流程模拟量数据无法读取,现场调节阀无法控制。打开 PCS 控制柜发现所有 AI 卡件均产生 OK 指示灯红色闪烁报警,控制器同时也出现 OK 指示灯红色闪烁报警,RUN、I/O 指示灯熄灭现象。

2. 故障原因

(1)直接原因:PLC 程序丢失。

(2)间接原因:PLC 电池电压远低于正常电压,导致 PLC 故障情况下程序丢失。

3. 分析过程及检修措施

(1)对两台上位机操作站进行 IP 地址互 PING,结果显示收发数据均正常,排除上位机本身网卡故障。

(2)在上位机操作站上对 PCS 控制柜内 PLC 以太网卡件 IP 地址进行 PING 操作,收发数据显示正常,并且卡件自身状态指示正常,排除 PLC 以太网卡件故障。

(3)用 AB 公司的 RSLINX 软件对 PLC 的 I/O 卡件进行硬件扫描检查,所有 I/O 卡件均能扫描到,说明 PLC 的 I/O 卡件通信正常,检查卡件状态信息无异常,可以排除 PLC 以太网卡件故障。

(4)用 AB 公司的 RSLINX 软件对 PLC 的控制器进行硬件扫描检查,能够正常扫描到 PCS 控制器,说明上位机操作站与 PLC 的控制器能正常通信,并且检查到 PLC 内部报警信息出现 POWER UP FAULT,对控制器报警信息进行复位,控制器面板上 OK 指示灯由红色报警状态变成绿色正常状态,由此判断控制器硬件正常,排除 PLC 控制器故障。

(5)用 AB 品牌的 RSLOGICX 5000 软件对控制器进行 GO ONLINE 连接操作,提示无控制器程序名称显示,同时提示需要进行 DOWNLOAD 操作,此现象表明 PLC 程序可能丢失,进一步采用 UPLOAD 进行操作确认,系统提示无程序可用,此现象说明控制器中程序确实已经丢失。使用 PLC 备份程序重新对 PCS 控制器进行 DOWNLOAD 操作,下载安装完成后,控制器状态指示灯恢复正常。同时两台上位机操作站与 PLC 控制器能够正常通信,交换数据。故障排除。

(6)在控制器有电池保护的状态下,出现控制器程序丢失不大可能,经过测量 PLC 电池电压远远低于正常电压。

4. 教训或建议

对 PCS 控制器电源模块进行更换。缩短 PLC 锂电池更换周期。

案例 15 N 平台火灾盘 1 级关断故障

1. 故障现象

2019 年 12 月 9 日 20:15,N 平台火灾盘产生 1 级火灾关断,导致 B、C、D、E 平台生产工艺流程关断,透平主机因燃料气低压停车造成失电。

2. 故障原因

DO 模块内的耦合继电器故障,造成生产工艺流程关断。

3. 分析过程及检修措施

(1)检查报警记录,没有火灾监控探头报警信号,而是直接由火灾盘发出一个 1

级关断信号,且不能复位,为尽快恢复各个平台的生产,将该信号发送给 ESD 系统的信号置于 BYPASS 状态,20:45 恢复生产工艺流程,21:00 透平主发电机恢复运行。

(2)对火灾盘 PLC 控制系统进行检查,外观检查没有发现异常,检查 DO 模块(IC200MDC940)的输出端子,发现 X7-01 和 X7-02 触点为断开(正常状态闭合点),由此产生 1 级关断信号,分析原因是该模块内的耦合继电器故障所致。更换一块新的 DO IC200MDC940 模块,故障排除。当日 1:25 火灾盘恢复正常,BYPASS 开关置于正常状态。

4. 教训或建议

加强对控制柜的检查维护,确保控制柜通风温度正常。

第二节 PLC 控制器故障案例

案例 16 多相流量计就地控制盘与中控通信故障

1. 故障现象

某平台多相流量计撬块数据采集,传送不到中控组态画面。

2. 故障原因

(1)直接原因:多相流量计控制盘内西门子控制器 S7-200 控制器 PORT1 通信端口无信号数据输出。

(2)间接原因:由于控制盘内新增空间加热器导致控制箱内温度偏高,对电子器件有所损坏。

3. 分析过程及检修措施

多相流量计控制器与西门子 S7-200 通信方式为 RS485,2 线制通信,PORT0 通信端口与 TP170A 现场操作面板进行通信,PORT1 端口与中控室 DCS 进行通信系统图如图 9-4 所示。

首先对 CPU 供电电源进行测试,为正常工作电压 DC 24 V,然后对 PORT1 端口 2 线制 RS485 电压进行测试为 DC 1.4 V,在通信电压的工作范围,对 9 针接口进行检测也没有虚接现象,初步排除 S7-200 控制器故障。

为进一步确认故障,再次对中控室 DCS 控制柜内通信网线 PORT1 进行测试并重新制作网线(防止水晶头内有虚接现象),观察 RS485 通信转换器状态,系统恢复正常。图 9-4 中红色圆圈区域为故障点。

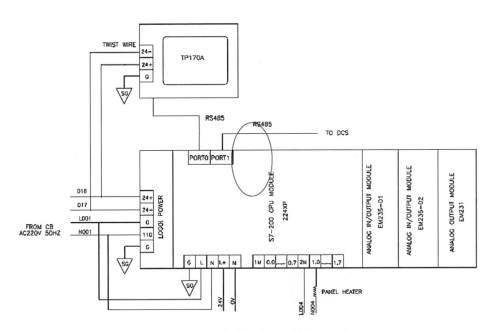

图 9-4　PORT1 端口与中控室 DCS 进行通信系统图

4. 教训或建议

加强入冬、入夏各个控制系统加热器的投入和退出。西门子控制器和 I/O 卡件对环境温度要求较高,环境温度超过 40 ℃时会引发相应的故障现象。所以建议平台在夏季到来前对内部空间加热器进行断电操作,或增加自动温控开关。

案例 17　原油外输泵 D 泵无法停机故障

1. 故障现象

2012 年 6 月 2 日 17:00 左右,电气专业对外输泵 D 泵进行启停测试时,发现启动后立即按下现场控制盘停止按钮后,无法停止外输泵。

2. 故障原因

外输泵 D 泵 PLC 程序逻辑错误,造成无法停机的问题。

3. 分析过程及检修措施

(1)仪表人员对现场停止按钮进行检查,未发现问题。

(2)对现场进行测试后,发现启动后隔一段时间,再按动停止按钮可将泵停止,故判断可能为程序问题。

（3）通过笔记本连接程序发现程序中停止按钮与 Shut down 信号串联（图 9-5），对外输泵启动信号进行解锁。并在解锁程序前设置 5 s 延时，在此 5 s 延时器结束前，单独按动停止按钮或触发 Shut down 信号时，无法对启动信号进行解锁，进而无法停止外输泵。

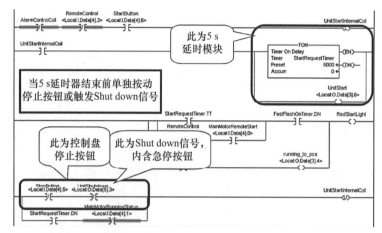

图 9-5　PLC 程序错误

对照其他 3 台原油外输泵的程序，发现有同样的程序错误。对程序进行修改（图 9-6），使两个信号并联，在启动后 5 s 延时内，触发任意停止信号，可随时解锁启动信号，进而停泵。启动测试，一切正常。

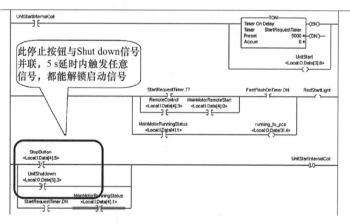

图 9-6　修改后的 PLC 程序

4. 教训或建议

（1）对其他大型设备程序对照检查，避免相同型号机组逻辑问题。

（2）机组投运时，要对其逻辑进行全面的测试。

案例 18　某平台锅炉因 PLC 停止而无法启动故障

1. 故障现象

热介质锅炉 A 炉按下启动按钮后,控制系统无任何动作,无法启动锅炉。

2. 故障原因

PLC 控制器处于停止状态,程序没有运行。

3. 分析过程及检修措施

(1)检查锅炉 A 炉控制盘,发现控制盘内 PLC 控制器 RUN 指示灯绿色闪烁,为不正常现象。

(2)笔记本安装施耐德编程软件 PL7 V4.0,安装编程电缆驱动,设置编程电缆的端口号、波特率、奇偶校验位、停止位等参数。

(3)设置完成后点击 connect,测试编程电缆与 PLC 之间的物理连接正常后,点击 star,测试编程电缆与 PLC 之间的通信协议正常。

(4)打开施耐德 PL7 V4.0 程序,定义好程序名称和地址后,点连接,将自动上传 PLC 的程序,程序上传完成后,发现程序未运行,各点未得电,点 RUN,程序运行,梯形图得电,PLC 指示灯变为绿色常亮。

(5)启动锅炉,发现依然无法启动,检查程序,发现程序中启动之前的条件中有一个开点没有得电闭合导致无法启炉,检查此开点对应的实际点为温度开关 TSH-1.33,检修处理后正常,该点闭合。

(6)启动锅炉,发现火焰故障,检查程序发现,点火后 6 s 如果未检测到火焰则报火焰故障。检查火焰探头发现探头损坏,更换新火焰探头,锅炉启动正常。

4. 教训或建议

(1)对锅炉等重要设备的 PLC 程序进行备份。

(2)对锅炉等重要设备列出停机检查清单,在停机后做预防性维护。

第三节　井口盘故障案例

案例 19　井口盘安全阀密封失效导致液压泵频繁启动

1. 故障现象

2021 年 3 月 15 日,北平台故障关井,开井后液压泵出口总压力迅速下降,导致井口盘液压油泵频繁启动(约每隔 20 min 启动一次),相关人员检修后,起初怀疑 SDV 液压回路减压阀故障,将 SDV 液压油驱动回路的调压阀进行了更换,但是故障并未完全解决,油压的下降速度依然较快。

2. 故障原因

北平台井口盘 N2 井单井模块主安全阀控制回路的三通阀密封圈有磨损严重,无法密封,导致严重内漏。

3. 分析过程及检修措施

(1)观察井口控制盘内部各组件、液压油的各个用户以及液压油油位,可以确定并无外漏情况发生。

(2)通过手动阀分别将 SCSSV、SDV、控制回路隔离开,启动液压油泵将油压提高至 7000 psi,观察油压的变化,发现液压油泵出口总压力依然下降很快,遂将重点锁定在 MSSV 和 WSSV 回路上。

(3)将 MSSV 和 WSSV 各单井模块入口的手动阀锁死,发现液压油泵出口油压不再下降,遂将问题确定为单井模块上。

(4)将单井各个可能的回流点的回油管线拆开,观察回流情况,发现各安全阀几乎没有回油,而 N1、N2 两口井的主、翼阀液压油动力管线的入口三通阀回油口漏油比较严重,经分析认为这是泵后油压降低迅速、液压油泵频繁启动的主要原因。

(5)由于平台并没有此阀的备件,而 N3 井作为日后开发的调产井,其井口控制盘的单井模块暂时不会使用,所以用 N3 井的单井模块将 N2 井的单井模块进行了替换。

(6)将拆卸下来的单井模块主阀管线上的三通阀进行拆卸,发现其密封圈有磨损现象(图 9-7),分析认为这是此次故障的主要原因,并利用自制 O 形圈对磨损的 O 形圈进行了更换,决定对 N1 井的单井模块进行更换,并观察效果。

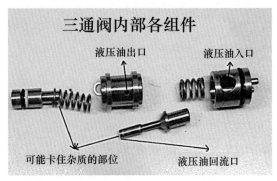

图 9-7　三通阀内部各组件

4. 教训或建议

(1)在日后的工作中定期对井口控制盘油箱出口的滤网进行清洁保养,必要时进行更换处理,避免类似情况的再次发生。

(2)定期对单井模块入口三通回油情况进行检查,当O形圈损坏时,应及时进行更换。

案例 20 井口盘液压泵调压阀故障导致频繁启动

1. 故障现象

井口控制盘液压泵(电动泵)启动频繁,每隔15 min启动一次。泵出口总压力不断下降,井下安全阀总压力也缓慢下降。A2井主阀和翼阀压力达到4700 psi多(正常回路压力值为2600~3000 psi,超过3500 psi安全释放阀启跳)。

2. 分析过程及检修措施

(1)在井口盘内把SDV紧急关断阀液压油回路手动锁死,观察泵出口压力表状态,出口压力依然下降。说明SDV这一路工作正常。

(2)把A2井单井模块入口液压管线的主阀和翼阀手动锁死,观察泵出口压力表,出口压力仍然下降,说明A2井工作正常。

(3)把A1井单井模块入口液压管线的主阀和翼阀手动锁死,观察泵出口压力表,出口压力保持不动,泵不再频繁启动。但主阀、翼阀回路的压力(正常设定值3000 psi)与泵出口总压力(7000 psi)相同。初步怀疑主阀、翼阀回路的调压阀故障,使安全释放阀起跳,导致泵频繁启停。

(4)把主阀、翼阀的调压阀出口压力调到最小,结果主阀、翼阀回路压力依然上升到7000 psi。由此确定调压阀故障,失去调压的作用,更换后恢复正常。

(5)通过手操泵把A1井和A2井主阀、翼阀的安全阀进行重新标定,起跳值设为3500 psi。液压泵的停止压力开关标定为7000 psi。

3. 教训或建议

加强对井口盘的维护,对各个回路安全阀要做定期校验。

案例 21 井口盘补压泵不能自动启动故障

1. 故障现象

6D井地面主安全阀压力低,液压补压泵(电动泵)未正常启动,造成关井。

2. 故障原因

(1)直接原因：由于天气突然大幅降温,致使井口盘压力高开关复位值漂移(该信号直接控制补压泵的正常启动),高开关 PSH(停泵开关)的复位值低于低压开关 PSL、PSLL(主备补压泵启动开关)的复位值,导致 6D 井主安全阀压力低时,压力高开关未能正常复位闭合,使主备补压泵没有正常启动工作,此时 6D 井主安全阀压力继续下降,造成关井。

经过测试,主泵启动压力值为 3800 psi,备用泵启动压力值为 3500 psi,高压停泵开关动作值为 5200 psi,复位值为 3300 psi。高压开关的复位值明显偏差太大且低于备用泵的启动值,不符合要求(正常复位值应为 5000~5200 psi)。

(2)间接原因:6D 井主翼安全阀三通及其出口单流阀存在微小内漏现象,造成主安全阀压力逐渐降低。

3. 分析过程及检修措施

通过手动打压泵对井口盘压力开关进行测试,主泵启动压力值为 3800 psi,备用泵启动压力值为 3500 psi,与原设定值相符,压力高开关复位值设为 3300 psi,而原复位设定值为 5200 psi,对此高压开关重新标定,仍无法恢复原设定值。故重新更换压力高开关,将复位值设定在 5200 psi,经过多次现场试验,主备用泵能正常启动进行补压。

4. 教训或建议

(1)在日常井口盘维护保养过程中,不能忽略对上述 3 个压力开关的检查。

(2)定期对井口盘 3 个压力开关进行校验。

案例 22　井口盘液压油管线冻堵故障

1. 故障现象

2011 年 12 月 16 日上午,WHPB 中控显示 B28、B30 井先后停机。

现场检查确认情况,操作站显示 PSL-2111V 报警造成电潜泵 XL-2111V 报警(B28 井停机),PSL-2111X 报警造成电潜泵 XL-2111X 报警(B30 井停机)。

2. 故障原因

造成电潜泵停机的原因有很多,本次停机初步怀疑为井上、井下安全阀的原因,如果安全阀液压油出现渗漏,导致无法保压,将会出现安全阀关闭、泵停机的现象。

3. 分析过程及检修措施

(1)现场检查井口采油树液控管线无泄漏迹象,井口盘单井抽屉有轻微滴水现象,其他无异常。

(2)拔起 B28 井井上安全阀手柄观察现象,单井与总管压力基本一直在 1800 psi,气泵动作但声音略异常,但管线压力维持 10 s 左右无明显上升,立即关闭 B28 井井上安全阀。

(3)隔离相关阀门,检查井上安全阀补压泵,拆卸气泵(井上安全阀)出口,手动启泵出口无液体略带压,拆卸出口管线时发现内部全部为冰,处于化冰临界状态。

(4)首先确认液压油柜状况(液压油柜分 2 部分:供油柜和回油柜),2 个柜体内液位计显示油位处于合理状态,通过底部放残取样观察,供油柜放出 15% 清水,回油柜全部为清水。逐段拆卸管线进行检查,从气泵进口至柜体管线全部冰冻,确认井口盘井上、井下液压系统均进水(除手压泵以外)。

(5)现场拆卸部分管线化冻,仪表人员继续检查故障点,商讨后决定用热水冲洗,将井口盘系统内的积水通过补压泵排出。冲洗后经过确认井口盘内积水排放干净。继续处理从井口盘至单井的液压管线(图 9-8)内积水,置换出 4 根液压管线。由于环境温度过低,其余 4 根经过处理仍无法恢复。

图 9-8　液压管线

(6)根据实际情况及生产需要,现场决定将剩余 4 根无法恢复的管线拆除进行吹扫化冻,然后再回装,暂时接临时管线恢复油井生产。同时计划进行以下工作:

① 检查老井口盘是否存在类似现象。

② 新盘更换液压油。

③ 将剩余 4 根液压管线拆除进行吹扫化冻,回接。

④ 井口盘整体检查测试。

现场排查井口盘系统进水原因,逐项检查,发现井口盘油柜上方的盖板螺丝存在松动未紧固现象,打开盖板发现盖板内侧下悬挂有冷凝水滴(图 9-9),确认柜内只有 2 个进口(一个加油孔在供油柜正上方,一个回油孔在回油柜上方),其他无任何进口。

图 9-9　井口盘盖板有水滴

本次的应急处理,在较短的时间内恢复正常生产,由于所带 4 口井的井上、井下安全阀系统均有水,应加强对气动泵工作状况的巡检。定期低点取样,观察液压油品质有无变化。

4. 教训或建议

通过本次排除故障,尽快恢复了油井生产,并避免了 B29、B31 井的关停。此次打开柜体得到一些信息供参考。该案例的处理,为冬季生产管理积累了经验。

第十章

系统调试

一、系统调试的定义

系统调试是相对于单体设备调试而言，是对整个仪表控制系统以施工版设计资料、图纸为依据进行综合测试调整，并对其中有可能不合理的点进行整改，最终将调试结果提交设计人员评估、修改设计形成完工版的图纸。目的是保证仪表控制系统正确性，是仪表安装工程的最后一个步骤。一般包含 PCS 控制系统、ESD 控制系统、F&G 控制系统、消防系统及其他大型设备控制系统通信信号测试等综合调试。

二、系统调试的条件

系统调试应在装置投运之前，应具备下面的条件：

(1)所有的仪表设备安装完毕，电缆连接完毕，管道与设备安装完毕，并吹扫干净。

(2)所有的仪表单体调试完毕，中控系统调试完毕。

(3)所有的仪表电源能够正常运行，工作气源能够正常供应。

(4)相关联的设备已安装并具备上电调试条件。

(5)调试的所有准备工作完成。

三、系统调试的准备工作

1. 材料准备

(1)仪表设计图纸资料，现场设备接线图。

(2)系统调试的记录表格需要提前设计出来，包括所有控制回路、显示回路、因果逻辑控制回路、系统间控制关系测试记录表等。调试时按照表格顺序逐一调试。

（3）仪表及相关设备的资料。针对不熟悉的仪表，在调试的时候需要查阅说明书，检查接线。

（4）耗材，如电阻、保险、导线。

2. 工具准备

（1）仪表常用工具一套，内六角扳手一套（公英制内六角扳手各一套），特殊仪表的测试工具，如火气类仪表的测试工具。

（2）数字万用表一块。

（3）Hart 手操器。

（4）对讲机。

（5）其他必需的工具。

3. 人员准备

系统调试需要分组进行，每组至少两人，一人在室外，一人在中控。视回路的数量以及人员的情况决定分组数量。

4. 环境

（1）调试区域干净、整洁。

（2）天气适宜。

（3）温度适宜，0 ℃以上。

四、系统调试的方法

系统调试按回路进行，回路主要分为 3 种：检测回路、调节回路、报警 & 关断回路。回路试验应做好试验记录。

1. 检测回路的调试

检测回路即我们常说的温度、压力、流量、液位等信号回路。在检测回路的信号输入端，使用信号发生器，输入模拟被测变量的标准信号（电流、电阻等），回路的显示仪表部分的示值误差，不应超过回路内各单台仪表允许基本误差平方和的平方根值。

$$\delta = \sqrt{\delta_1^2 + \delta_2^2 + \cdots + \delta_n^2}$$

式中：δ——系统误差；

$\delta_1, \delta_2, \cdots, \delta_n$——各单台仪表的基本误差。

调试要点：

（1）调试需要注意信号旁通。

（2）每个回路调试前，应再次检查线路是否连接正确。

（3）每完成一个回路，在图纸上做好标记，同时在表格中记录。

（4）现场不具备模拟被测变量信号的回路，应在其可模拟输入信号的最前端输入信号进行回路试验。

（5）若配线有误，则在中控不会有显示，此时需要重新查找线路原因。

（6）对于现场变送器来说，大多是输出标准的 4～20 mA 信号，系统调试时，中控 DCS 或 PLC 系统会对现场变送器供电，此时使用信号发生器应使用其无源输出电流的功能，并且认真研究信号发生器的使用方法，避免出现错误。

（7）对于温度回路，现场使用电阻箱作为信号源，发送标准信号。

（8）每一个回路可以同时检测显示、报警功能。根据仪表规格书对应检查仪表显示量程是否正确，报警值设定是否正确。

目前检测回路基本是由现场仪表（多为变送器）和中控卡件（AI 卡）组成，因此检测回路调试主要是检测信号是否能够正确地在中控人机画面上显示出来，偏差一般情况不会出现大的问题。

例 1：压力回路的调试

仪表位号：PT-1011，现场为 3051 压力变送器。

使用信号发生器为：德鲁克公司的 UPSII，使用无源电流输出功能。

步骤：

（1）人员分工：两人一组，现场一人，中控一人。

（2）外观检查

① 检查盘柜外观无损坏。

② 确认电源开关处于断开状态。

③ 检查盘柜电缆整齐、绑扎牢固。

④ 检查变送器外观无损坏。

⑤ 检查变送器电缆连接牢固。

⑥ 检查确认变送器与设备连接牢固。

（3）调试

① 打开变送器的接线端盖子，首先检查接线是否接在信号的正、负两端，然后与中控沟通，再次确认正、负极两根电线是否接线正确。

② 确认无误后，中控开始送电。检查人机界面上数值显示。

③ 拆开变送器接线的负端，把信号发生器串接在回路中，注意接线端应该使用绝缘胶带裹住，避免与变送器或表壳接触。

④ 信号发生器给出 4～20 mA 的阶跃信号，确认中控的参数和现场的参数一致。现场具备条件的话，可以使用便携式打压泵作为信号源代替信号发生器，此时变送器的接线不需要拆卸。

⑤ 确认中控人机界面的显示和报警是否符合设计要求。

⑥ 记录测试结果。

(4)正常后,把变送器接线接回原来位置,拧紧接线盖。

该回路调试完毕。

例2:温度回路的调试

仪表位号:TT-1011,现场为一体化温度变送器,量程0～100 ℃,电阻为Pt100。使用标准电阻箱,四线制接法。

步骤:

(1)人员分工:两人一组,现场一人,中控一人。

(2)外观检查

① 检查盘柜外观无损坏。

② 确认电源开关处于断开状态。

③ 检查盘柜电缆整齐、绑扎牢固。

④ 检查变送器外观无损坏。

⑤ 检查变送器电缆连接牢固。

⑥ 检查确认变送器与设备连接牢固。

(3)调试

① 现场打开变送器的接线端盖子,首先检查接线是否接在信号的正、负两端,然后与中控沟通,再次确认正、负极两根电线是否接线正确。

② 确认无误后,中控开始送电。检查人机界面上数值显示。

③ 拆掉变送器热电阻输入端的4根线,把电阻箱调整到100 Ω,4根引线分别接入到变送器的电阻输入端。

④ 对照分度表输入0～100 ℃对应的电阻值,确认中控人机界面的显示和报警正常。

⑤ 记录测试结果。

(4)正常后,把变送器接线接回原来位置,拧紧接线盖。

该回路调试完毕。

流量回路和液位回路的调试方法同压力回路的调试方法。

分析仪表的调试方法:

现场有一些分析仪表,如含氧分析仪、黏度分析仪、含油分析仪。该类仪表大多在一个单独的撬块,对于该类仪表的调试需要参考说明书,进行现场测试,观察该撬块的人机界面,是否有正确的显示。

2. 调节回路的调试

调节回路包括现场一次表、变送器、执行器(大多是调节阀)、中控控制器(现在大多是DCS)。

（1）检查设备外观无损坏，电缆连接牢固。

（2）调节回路的调试首先要测试的是整个回路是否贯通。在中控操作站上把相应的控制回路模式打自动，然后在现场变送器端按照检测回路调试的方法输入一个模拟信号，观察中控的显示是否有变化，然后观察现场对应的调节阀是否动作，其目的是检查该调节阀的整个调节回路是否正确。

（3）回路贯通之后的任务是测试动作值是否准确。把中控控制器置于手动，然后在操作站上手动给调节阀从 0％到 100％的输出，观察现场调节阀是否与之对应，阀开度也是从 0％到 100％。

（4）给调节阀 3～5 个值（0％，25％，50％，75％，100％），检查确认阀门开度是否满足精度需要。

（5）同时检查气开阀和气关阀动作方向是否正确，这两类调节阀动作方向刚好相反。

（6）记录测试结果。

调试要点：

① 调节回路调试需要提前启动空压机，提供干燥的仪表气源。

② 调节阀带有电磁阀或者其他附件时，需要对附件进行功能测试。

③ PID 参数需要流程试运转的时候测试。

3. 报警 & 关断回路的调试（包括 ESD 和 F&G 回路）

（1）在报警回路的信号发生端模拟输入信号，检查报警灯光、音响和屏幕显示是否正确。

（2）火气系统的报警检查应该使用相应的工具和气体，在现场端进行模拟测试。比如火焰探头，应使用测试灯照射火焰探头，观察现场仪表是否报警，确认中控是否报警。

（3）在中控操作站上检查 ESD 因果图，逐一手动触发每一级别的原因（各类开关、变送器），检查对应的关断级别是否产生，检查所有的结果是否变为红色，现场逐一确认对应的仪表是否关断。

（4）在中控操作站检查 F&G 因果图，逐一手动触发每一级别的原因（各类火气探头），检查对应的关断级别是否产生，检查所有的结果是否变为红色，现场逐一确认对应的仪表是否关断，对应的声光报警是否正确。同时测试火气系统的表决逻辑是否正常。

（5）调试关断逻辑时，确认每一个关断回路的旁通功能是否正常。对于一些特殊信号需要根据实际情况来决定是否能够正常测试。比如，2 级火灾关断逻辑中需要触发消防泵启动。这个功能测试需要看现场是否符合条件，否则可能造成恶劣影响。

（6）测试所有报警 & 关断的消音、复位和记录功能应正确。

4. 主系统与子系统之间的信号调试

保持所有设备正常上电运行,根据主从关系,对相关信号进行模拟,然后在另一台设备系统上查看其控制或显示功能,并进行记录。

要点:

(1)保持相关设备运行正常。

(2)逐个信号进行测试或模拟试验。

(3)关注所有关联设备间的逻辑控制或显示状态。

(4)必要时需要相关厂家人员同时到场进行调试。

通常调试是先调试主流程,然后调试单元撬块,无论主流程还是单独撬块,调试方法是一样的。对于单独撬块来讲,往往也有一个独立的控制系统,其控制器多为PLC 控制,上位机人机界面,每一个单独撬块相当于一个流程,也要按照上面的 4 个部分来调试。

五、系统调试出现问题的处理办法

系统调试的前提是仪表单体调试合格,电缆校对完毕。但是在正式调试时,难免会存在一些错误,比如电缆没有完全校对正确、单体仪表不合格、安装之后出现的损坏等。当出现调试故障后,可以从以下几个方面考虑:

(1)分析是单体仪表设备的原因还是回路的原因。

(2)必要时重新校对电缆。

(3)必要时对调节阀的阀门定位器重新调校。

(4)必要时检查 DCS、ESD、F&G 组态是否正确。

(5)关联大型设备自身问题的影响。

(6)对于通信点的调试,需要双方技术人员进行确认。

六、调试总结

(1)调试完毕之后,恢复现场。

(2)汇总调试过程中出现的问题。

(3)针对出现的问题,协调相关人员组织处理。

七、相关调试表格

如表 10-1～表 10-5 所示。

表 10-1 检测回路测试结果记录表

序号	位号	范围	测试结果										高报		低报		设定点	单位	结论	备注
			0%		50%		100%		50%		0%		设定点	实际值	设定点	实际值				
			理论值	实际值	理论值	实际值	理论值	实际值	理论值	实际值	理论值	实际值								

表 10-2 调节回路测试结果记录表

序号	位号	范围	测试结果										结论	备注
			4 mA		12 mA		20 mA		12 mA		4 mA			
			理论值	实际值	理论值	实际值	理论值	实际值	理论值	实际值	理论值	实际值		
		0%~100%	0%		50%		100%		50%		0%			
		0%~100%	0%		50%		100%		50%		0%			
		0%~100%	0%		50%		100%		50%		0%			
		0%~100%	0%		50%		100%		50%		0%			
		0%~100%	0%		50%		100%		50%		0%			
		0%~100%	0%		50%		100%		50%		0%			
		0%~100%	0%		50%		100%		50%		0%			
		0%~100%	0%		50%		100%		50%		0%			
		0%~100%	0%		50%		100%		50%		0%			
		0%~100%	0%		50%		100%		50%		0%			
		0%~100%	0%		50%		100%		50%		0%			
		0%~100%	0%		50%		100%		50%		0%			
		0%~100%	0%		50%		100%		50%		0%			
		0%~100%	0%		50%		100%		50%		0%			
		0%~100%	0%		50%		100%		50%		0%			

表 10-3 ESD—DI 回路调试记录表

ESD—DI 回路调试记录

序号	位号	类型	结果				设定点	结论	位号说明	备注
			断开		闭合					
			理论值	实际值	理论值	实际值				
1		DI	TRIP		NORMAL					
2		DI	TRIP		NORMAL					
3		DI	TRIP		NORMAL					
4		DI	TRIP		NORMAL					
5		DI	TRIP		NORMAL					
6		DI	TRIP		NORMAL					
7		DI	TRIP		NORMAL					
8		DI	TRIP		NORMAL					
9		DI	TRIP		NORMAL					
10		DI	TRIP		NORMAL					
11		DI	TRIP		NORMAL					
12		DI	TRIP		NORMAL					
13		DI	TRIP		NORMAL					
14		DI	TRIP		NORMAL					
15		DI	TRIP		NORMAL					
16		DI	TRIP		NORMAL					

表 10-4 ESD—DO 回路调试记录表

ESD—DO 回路调试记录

序号	位号	类型	结果				结论	说明	备注
			开		关闭				
			理论	实际	理论	实际			
		DO-000	OPEN		CLOSE				
			NORMAL		TRIP				

表 10-5　F&G AI 回路调试记录表

F&G AI 回路调试记录

序号	位号	类型	结果				设定点	结论	位号	备注
			理论值	实际值	理论值	实际值				
1			NORMAL		ALARM					
2			20%LEL		50%LEL					
3										
4										
5										
6										
7										
8										
9										
10										
11										
12										
13										
14										
15										
16